MINIMALIST
极简包装

[美] 克里斯·黄 (Chris Huang) / 编

郭庚训 / 译

U0396812

PACKAG
ING

广西师范大学出版社
· 桂林 ·

images
Publishing

图书在版编目（CIP）数据

极简包装／（美）克里斯·黄编；郭庚训译 .—桂林：
广西师范大学出版社，2019.5（2020.5重印）
ISBN 978-7-5598-1699-3

Ⅰ.①极… Ⅱ.①克… ②郭… Ⅲ.①包装设计
Ⅳ.① TB482

中国版本图书馆 CIP 数据核字 (2019) 第 058336 号

责任编辑：肖　莉
助理编辑：孙世阳
装帧设计：马韵蕾
广西师范大学出版社出版发行

（广西桂林市五里店路 9 号　　邮政编码：541004）
（网址：http://www.bbtpress.com）
出版人：黄轩庄
全国新华书店经销
销售热线：021-65200318　021-31260822-898
恒美印务（广州）有限公司印刷
（广州市南沙区环市大道南路 334 号　邮政编码：511458）
开本：710mm×1 000mm　　1/16
印张：16.5　　　　　　　字数：170 千字
2019 年 5 月第 1 版　　　2020 年 5 月第 2 次印刷
定价：128.00 元

如发现印装质量问题，影响阅读，请与出版社发行部门联系调换。

极简至上

C O N T E N T S
目录

案例赏析

SO

SIMPLE

极 简 至 上

• • • • • •

克里斯·黄

克里斯·黄是芝加哥艺术学院的教授，擅长营销传播设计，服务过的客户包括麦当劳、凯悦酒店、凡士通、联邦快递、荷兰银行、哈里斯银行、雅培等。

1 什么是极简主义？

在第一次世界大战以后，极简主义成了最重要的、最具影响力的风格之一。随着大多数帝国的衰落，传统和复杂的艺术风格不再受到重视，整个社会的艺术风向也已经发生了改变[1]。新兴的当代艺术理论被不断引入，同时伴随着排版工艺的技术革新，以及平面设计中出现的新术语。极简主义风格是从包豪斯建筑学派所推崇的"形式服从功能"的概念延伸而来的，在视觉上受到几何学图形和抽象风格的启发。这种风格如今成了建筑师、音乐家、设计师和艺术家的最爱。

"少即是多。"这是最受欢迎、最具代表性的格言之一。这句格言来自德国公立包豪斯学校的原校长——德裔美国建筑师路德维希·密斯·凡·德·罗（1886—1969），他清楚地阐明了简约主义和极简主义的基本理论。极简主义并不完全等同于简约主义，但简约却是极简主义的核心。在近50年的极简主义运动中，简约的概念已经被应用到不同的领域当中，现如今更是影响着所有与设计相关的行业，包括包装。

2004年，日本著名产品设计师深泽直人（Naoto Fukasawa）为品牌 JUICEPEEL 设计包装时，仅仅利用了有纹理的水果皮设计，便成功地说明了包装里的产品内容（http://prw.kyodonews.jp/prwfile/prdata/0170/release/200502284530/index.html）。这种绝妙而又简约的包装设计将产品信息以最直观的方式传递给消费者，无论他们懂不懂日语，都可以了解产品。

2 极简包装设计的倡导者：苹果公司

10 年来，苹果公司一直在《福布斯》全球最具价值品牌排行榜上位居榜首[2]，其成功的秘诀就在于原首席执行官史蒂夫·乔布斯（Steve Jobs）的远见卓识[3]。受弗兰克·劳埃德·赖特（Frank Lloyd Wright）的简约、现代住宅理念的启发，以及日本禅宗的极简美学的影响，乔布斯反复强调，苹果的信条就是简约。苹果公司的设计总监乔纳森·艾夫（Jonathan Ive）说道："我所有的工作都是围绕着简约进行的。"[4]

不知从何时起，苹果公司的 iPhone 手机不再是一个消费者品牌，而变成了一个时尚标志[5]。此后，相关的设计行业纷纷效仿苹果公司，以简约的风格进行设计。为了与产品设计理念保持一致，并完整地讲述该品牌的故事，苹果公司又着重设计了产品包装，旨在使其与内部产品一样具有视觉吸引力。iPhone 手机包装的简洁性也成为该产品的一大亮点。

3 为什么极简包装设计会产生如此效果？

极简主义理论已经存在了超过半个世纪之久，苹果公司在包装设计方面，也已经花费了十余年来提高标准。在包装设计行业，极简主义趋势继续升温。那么，为什么包装要追求简单的设计呢？极简包装设计的好处又有哪些呢？

引人注目

当今社会，人们之间的联系日益紧密，各种信息铺天盖地地向消费者席卷而来。根据统计网站 Statista 的数据显示，与 15 年前相比，美国超市的销售额增长了 92%[6]；在西欧，2011 年至 2013 年间，四大市场共推出了 1.2 万项创新发明，涵盖了 17 个产品类别 [7]。今天的消费者有更多的品牌和产品可以选择，极简包装设计可以帮助消费者关注产品最重要的部分。没有多余的设计元素来分散消费者的关注点，使用极简包装的产品往往能够从竞争对手中脱颖而出。

大势所趋

研究表明，艺术通过改变观念、灌输价值观和在时间、空间上转化体验来影响社会。艺术也是社会变化的准确展现形式 [8]，无论是从社会走向艺术，还是从艺术走向社会，它们都是密不可分的。当一种新的艺术形式及其理论诞生时，社会行为和所有的美术风格都会受到影响，这一点从互联网对消费者购物方式的影响就可以看出。

随着电子商务的出现，各个品牌之间的竞争日趋激烈，它们纷纷在网页上争夺顾客的注意力，这与商店货架上商品的竞争如出一辙。电脑和手机使用户的购买行为发生了改变。雅各布·尼尔森（Jakob Nielsen）的《视线轨迹跟踪研究》显示，在网页上，人们平均阅读的文本内容不足 20%，只是浏览大概内容，并不会逐字阅读 [9]。所以，设计简约的、内容少的网页比以往任何时候都有必要。同理，包装也是一样的。

"2019 年，极简主义包装将专注于干净和简单的设计，让颜色和字体成为舞台中心，这将会产生令人难以置信的深远影响，而且势必会脱颖而出，受到万众瞩目。" [10]

—— 卢普斯·马蒂克（Lupus Martic）

"包装设计的趋势——极简主义：少即是多！虽然在包装上添加大量的文本或不同的字体可能会具有吸引力，但这也可能会变成混乱的设计。" [11]

—— 罗瑞达娜·帕普 - 迪内亚（Loredana Papp-Dinea），米哈伊·巴尔德纳（Mihai Baldean）

"极简包装设计并不是一种新的趋势，但随着时间的推移，它的势头会越来越猛。2019 年，它将继续广受欢迎。" [12]

—— 大卫·罗贝热（David Roberge）

"在相当长的时间里，保持事物的简约性已蔚然成风，买家的反馈也显示出这一点不会改变，至少现在是这样的。" [13]

—— Inkbot 设计

"2018 年是极简主义和功能性最突出的一年。我们预计同样的事情会在 2019 年发生。" [14]

——Source Nutraceutical 公司

"极简包装确实已经存在一段时间了。但是，它的地位不会很快被取代。" [15]

—— Cad Crowd 公司

极简包装是大势所趋，许多专业包装设计博客对包装设计趋势的预测是简单、干净、简约，例如：

极致高雅

18 世纪时，在巴洛克风格和洛可可风格的影响下，高端时尚被定义为极度的精致、高雅。而如今，高雅的定义已经完全从巴洛克风格的复杂性转变为极简主义的简约性。简约性不仅能突出产品的核心，而且能够巧妙地体现出产品质量，并将品牌推向更高级、更高端的位置。

达·芬奇曾说："简约就是极致的高雅。"后来，史蒂夫·乔布斯也强调过这个观点。芝加哥大学经济学家曾发表的一份报告中提到，"在拥有 iPhone 手机的受访者中，有 69.1% 的人来自高收入家庭。"

苹果公司产品的精致、干净、优雅的黑白包装象征着奢华！为了强调高级珠宝的美丽，广告商经常使用简单的黑白图片作为对比的背景。一些奢侈品牌的包装甚至只展示他们的品牌标识，没有任何文字及其他的东西。

可持续发展战略

受到"减少不必要材料的使用"和"简化、再利用、循环利用

（3Rs）"理念的影响，环保理念将包装设计推到了极简主义的金字塔顶端。在 3Rs 的层次结构中，"简化"排在首位，防止浪费是最佳方案。减少材料的使用可以降低成本，符合极简主义中"少即是多"的理念。

根据 2017 年 Luminer 的消费者调查统计，56% 的购物者更倾向于选择使用环保或者可持续包装的产品 [16]。根据 Brand Packaging 发布的"包装的力量：2018 年行业状态"报告，57% 的包装专家认为可持续性和可回收性是最主流的包装趋势。这些专业人士还提倡减少使用含有双酚基丙烷、泡沫聚苯乙烯和塑胶的材料 [17]。

极简包装设计强调使用可回收的、可生物降解的材料，优化材料使用，这样不仅可以使品牌从竞争对手中脱颖而出，还可以吸引具有环保意识的消费群体。另外，这样也可以树立起一个伟大的品牌形象。

成本效益

通过过度的包装给购物者留下深刻印象的策略已经过时了。花哨的材料、多余的印刷和生产工序以及不必要的层层包装，最终都只会沦为被填埋的垃圾。除了一些起到保护作用的基本材料，其他的东西都是必要的吗？一个小物件使用大盒子包装不仅浪费空间和材料，还影响从仓库到零售的整个配送过程。

现如今，消费者意识到他们要为所得到的东西买单。由于劳动力的减少，使用较少的材料可以降低日常管理费用，同时还能降低运输成本。根据美国国家公共电台（NPR）和马里斯特舆论研究所在 2018 年进行的一项调查，近七成（69%）的美国人表示他们会在网上购买商品 [18]。如此一来，物品越大、越重，运输成本就越高。减少包装层，缩小包装尺寸，并选用轻质材料，有助于降低运输成本，这对竞争激烈的电子商务企业来说是一个巨大的优势。这再一次证明了越少就越好，简约包装会带来成本效益。

无声的推销员

产品包装是一位无声的推销员，它能够快速、轻松地帮助消费者做出购买决定。当产品放在同类品旁边时，包装能够直观地表现出产品的优势，并让潜在消费者获得有别于其他产品的信息。

简洁与吸引眼球的展示有助于产品销售，适当的包装设计也是一样。2017 年 8 月，Luminer 针对美国 400 名平均年龄为 46 岁的男性和女性进行的调查显示，33% 的消费者会因为不喜欢包装标签而拒买该产品。标签的设计影响着消费者的购买决定。一个设计巧妙的、简约的包装就如同一个销售人员，向购物者挥舞着双手喊道："挑我吧！"包装的功能不应该仅仅是为了保护产品，也应该有助于产品销售。

极简包装设计很容易吸引消费者的注意力，从而达到促进销售的目的。除了耗费材料较少、更加环保之外，简约设计也能够节约成本，这是大势所趋。如今，为了使包装更新颖、更具有竞争力，各个品牌都在重新设计包装，简约风格也被广泛应用。

4 如何设计极简包装？

如何设计一款极简包装呢？请记住以下原则：

忽略不必要的东西，把注意力集中在真正重要的事情上。

确定什么是重要的，什么是不必要的，这是第一步，也是最关键的过程。"少"不是真的减少，"简约"也并不是真的简单。战略性地创造每一个设计元素和词语，以服务于同一个根本目的，最终呈现出干净且直接的视觉效果。

以下是每个视觉类别的极简设计原则：

较少的元素

必不可少的内容都有哪些呢？ 不同的行业有不同的要求和标准。以食品为例，为了保护公众健康和安全，不同国家的食品标签要求也各不相同。 在美国，食品标签通常包含以下信息：

产品名称——表明产品身份、必须出现在标签的正面。

净重或体积——提供容器或包装中的产品数量，必须用重量、容量或数字计数来表示。

日期标记——标签上必须注明"制造日期"或"包装日期"和"最佳食用日期"或"保质期"的信息。

成分列表——按照比例由高到低的顺序列出成分。标签必须列出所有美国食品及药物管理局认证的颜色添加剂的名称。

营养成分信息——帮助消费者快速了解食物信息,包括食用分量、卡路里、营养素和每日营养摄入量的百分比。

警告或声明——如果由于某些产品（如药物和化学产品）的使用安全性而需要一份公告声明，那么标签上应该有所体现。警告和声明要放在标签的突出位置，并且比其他语句更为明显。

制造商信息——责任声明。制造商、分销商或进口商的企业名称和地址。

原产地 / 原产国——美国农业部强制要求标签上显示原产地 / 原产国。所有的进口产品必须标明产品的加工地、生产地和种植地，并按要求办理报关手续。

存储方法说明——如果产品需要特定的存储方法来保存，那么有必要在标签上列出这些说明（如"请置于阴凉干燥处"或"开封后请放入冰箱内保存"）。

批数或批号——批数或批号应当清楚地印在标签上。它可以跟踪产品的完整制造过程，包括组成部分、成分、劳工和设备记录。当需要产品召回时，这是一个非常重要的信息。

其他国家对各行业的包装标签的要求可能有所不同。除了上述要求以外，还有一些其他信息，虽然没有强制要求，却是不可缺失的，例如：

品牌标识——品牌名称会影响消费者的购买决策。在尼尔森公司的"全球新兴产品的创新调查"报告中发现，超过三分之二（68%）的发展中国家的受访者表示，他们更喜欢购买熟悉的品牌的新产品[19]。Luminer 公司于 2017 年的一项调查显示，56% 的购物者表示，一个认识或熟悉的品牌标识会吸引他们的注意力[20]。这就是为什么将品牌名称置于顶端的原因。

认证图标——美国农业部有机认证、公平贸易认证、犹太食品认证、非转基因认证、美国食品药品监督管理局认证等。产品获得认证是很重要的，这表明该产品的适用性和安全性已通过性能测试和质量保证测试。持有经授权的第三方担保是一种口碑营销。

条形码——条形码可能并不是法律要求的，但它通常是库存控制分配所要求体现的。条形码是零售产品唯一的识别符号，有助于跟踪产品的销售。

还有一些可能促进营销的信息。为了平衡设计布局，设计师也许会用这些信息来填补空白，但也可能会删掉，以坚持简约的设计原则。

广告标语——一条成功吸引目标受众注意力的标语，会影响客户的最终购买决定。例如：新鲜的、无糖的、非反式脂肪、100%纯自然、100%纯正奶酪、比新鲜水果更好等，这类标语可以帮助产品脱颖而出，但也可能不会引起任何注意。消费者不再相信虚假广告，诚实、透明的产品信息才是他们真正需要的。

卡路里信息——卡路里信息通常出现在营养标签上。然而，为了满足注重卡路里的购物者的需求，在正面标签上突出显示低热量可能会有利于销售。但是卡路里含量并不是重要的信息，注意卡路里的购物者并不代表大多数人。

烹饪方法和时间——即食、仅需 2 分钟、可微波炉加热等。为了强调一个产品烹饪方便、快捷，烹饪方法和时间可能被当作一个产品优势，放在包装正面来吸引顾客。但是，其实烹饪方法和时间已经包含在包装背面的烹饪说明中了，因此这是个重复的信息。

品牌故事、理念——源自祖母最受欢迎的食谱、牛奶产自天然牧场的奶牛、致力于保护环境、专注于创新的产品开发等。这些信息都是为了试图说服购物者相信这个品牌是诚实的、专注的和以客户为导向的。这些额外的信息可能是锦上添花，但也可能是多余的干扰，模糊购物者的注意力。

产品种类介绍——在包装侧面列出产品所有的种类、尺寸、颜色、口味或相关搭配是另一种常用的营销推广策略。但如果一系列产品有四种颜色，而这四种颜色的产品都在货架上并排陈列的话，提及颜色就会变得多此一举。另外，如果标出所有颜色，当一个热销的颜色卖完了，或者某个商店只出售其中几个颜色的话，购物者可能会觉得失望，转而去其他地方购物。而且，一些制造商会比较倾向于将同一个版本的包装印刷用于所有产品，以此来节省成本。

产品的使用——另一种营销手段是介绍产品如何适合旅行、聚会、露营、野餐等。但事实上，消费者可以随心所欲地使用产品，根本不需要考虑那么多。

食用方法——为药物和化学产品提供用法说明是很重要的，而食物的烹饪说明可能不是必要的，但它可以帮助提高顾客的满意度。然而，提供食谱就显得有点多余。

多个条形码——把条形码放在包装的各个侧面，收银员就可以在任何一面进行扫描，而不用浪费时间去寻找条形码。但是，这种重复是完全没有必要的。

较少的文字

广告是最能体现"少即是多"这个概念的，包装也同样如此。推特的每条推文最多只允许使用 280 个字符。大卫·奥格威（David Ogilvy）曾说道："五分之四的人只看广告的标题。"保持文字简短而亲切，才能让消费者快速掌握关键点。在网上阅读短篇小说和在购物时阅读文字较少的标签一样，都是一种趋势。对购物者来说，较少的、较简单的文字就意味着更容易理解。

如何简化包装上的文字？

平铺直叙。用简单的词语来传达复杂的思想。避免使用只有你自己知道的术语。使文字读起来像在和一个新朋友交谈，不要低声下气，但要热情相迎。

删除不必要的文字。使用简短、有力的句子和精准的关键字。包装的正面信息相当于文章的标题。当购物者在杂货店的过道里浏览时，是没有多余的时间阅读长句的。

用图形替换文字。一图胜千言。与文字相比，图形更容易吸引受众的注意力，提高品牌知名度。一个好的图标就像一种人人都能理解的通用语言，可以避免出现翻译问题。

简单的线条和形状

极简主义起源于几何形状，随着先进技术的发展，如今极简形状和线条的表现形式虽然依然是"简单"，但是变得更有机、更自由了。例如，现在汽车的外形是弧线的，而不是四四方方的。

正方形、矩形、三角形、圆形或其他规则的形状等在自然界中并不常见。有机形状是指与自然有关的非直线的、不连续的、不规则的以及不可测量的形状。"有机"是现代设计理论中的

图 1：Eskay 护肤品包装

一个术语，它影响包括包装在内的所有设计领域（见图 1）。无论是设计几何还是有机形状和线条，请保持简单！

极简色彩

极简主义设计不是只能使用黑和白两种颜色，而是简化色调和配色。在 20 世纪 80 年代，当 3D 技术被引入台式印刷系统时，图形设计师喜欢使用渐变和阴影来增强物品外形的表现力。现如今，如果没有进行简化，渐变和阴影可能意味着便宜或过时。在没有复杂的色调和五彩缤纷的配色的情况下，纯色或单色物体在使用适当的颜色、调性或对比度时，很容易从纯色背景中凸显出来，无须添加任何阴影。

在标识的设计方面，颜色极简化的趋势是显而易见的。在企业标识系统的标准指南中，设计师通常会设置不同版本的标准标识：单色的、双色的、全彩的以及黑白的。然而，现在设计师不再固执地使用所有的颜色，而经常会选择其中一种颜色，这可以从苹果公司这些年的标识变化中看出来。

除此之外，还有汽车的颜色。尽管不同品牌、不同地区会略有不同，但基于整体的购买行为，有三种颜色是最常见的，分别是银色、白色和黑色。虽然黑色和白色是最为简约的颜色，但这并不意味着每个产品或品牌都需要是黑白的。如果所有的包装都只使用黑色和白色，那怎么凸显出产品呢？

而且，不是所有的产品都适合黑白。例如，食品类通常使用诱人的、温暖的、偏橙色的色调，如麦当劳的包装。但一些餐厅和甜品品牌会采用黑白色来强调奢华的主题。如果说简约并不是简单，那么黑白也不是单纯的黑白两色了。在黑色和白色之间，会有灰色作为过渡。当设计师认为黑色太普通、太乏味时，他们可能会使用没有那么黑的木炭色来取代黑色。

极简图像

当极简色彩策略成功的时候，照片就变成了一个独立的图像。插图和图标会变得扁平，甚至被舍弃，只留下文字。

极简图像中，在省略了不必要的元素之后，主题可能是独立的。在一个简单的背景上，一个抓人眼球的主题会吸引人们的注意。因此，选择一个引人注目的主题是非常重要的。

随着智能手机、人工智能和虚拟现实的问世，社会充斥着各种新技术。当一切东西都可以用机器制造时，人们比以往任何时候都更重视"人体触感"。用电脑打字不可能取代书法，机器制造也不可能胜过手工制作。购物者喜欢独一无二的、个性化的物品，所以有机风格的插图、不完美的笔触以及简单的底纹会更吸引消费者。

图标、符号和标识通常已经是简化版的图像，而如今标识设计变得更简单了。在互联网社会，使用极简主义符号是个不错的选择。

更多的负空间

负空间是指主体（正空间）之外的空间。在极简设计中，主体和负空间之间的相互作用引导着消费者的视线。在亚洲艺术理论中，负空间用于表达艺术意境或概念。当一位艺术家采用负空间的方式进行作品创作时，人们会认为这位艺术家很聪明、很优秀（见图2）。

背景留白并不像看上去那么容易，这种方法也不适用于所有的包装设计。一些设计师觉得留白很不舒服，于是便勉强添加了不必要的信息来填补空白，这会使得包装看起来杂乱无章。如果产品的尺寸很大，那么正面标签就可以留有足够的负空间，不会像小标签那样拥挤。

将主题放在中间是常见的版面布局。然而，中心化风格可能会显得没有吸引力，也不一定适合每一个产品。因此，根据艺术

图 2：Feldspar 家居用品包装

理论的"黄金比例"以及摄影的"三分法"，最令人愉悦的比例是偏离中心的，这样会产生更多有趣的关注点。

5 成功与失败 案例分析

极简包装设计可能看起来简单，体现的内容较少，但它并不像看起来那么简单。在过去的 20 年里，品牌和包装方面发生了许多变革，其中不乏一些成功的案例，但也有一些失败的案例。

那么，我们能从这些案例中学到什么呢？

成功案例——彪马公司的小袋子

• 案例背景：

彪马公司是一家设计和制造运动服装、鞋子和其他运动产品的德国跨国公司。FuseProject 是一家位于美国旧金山的设计公司，它与彪马公司合作，重新设计了鞋盒，使其可以循环使用。

• 设计变化：

"一体化"：这个新设计既是一个鞋盒，也是一个购物袋。

它是一个可回收的 PET 塑料袋子，这样就无须再加一个手提袋了。这样的设计可以将鞋盒、塑料袋和手提包集于一体。

没有盒子：不像传统的鞋盒，它使用的纸板很少，而且可以完全展开平放。

没有包装纸：它省去了无用的包装纸。

不需要改变：它不需要改变彪马公司现有的全球基础设施。

• **效果** [21]：

这个巧妙的小袋子设计赢得了 11 项国际设计大奖。

它是由可回收的塑料制成的，节省了 65% 的纸板材料。

随着时间的推移，公司将从生产过程中节省超过 8500 吨纸。

这种轻质包装会大大减少燃料的使用和生产过程中的碳排放量。

• **结论：**

彪马公司现有的全球基础设施，包括运输、组装、仓储和零售，各个流程几乎不需要因此而做出任何改变。

它是一个成功的、巧妙的设计，既能减少材料的使用，又避免了过多的视觉设计元素的呈现。

失败案例——纯果乐饮料新包装

• 案例背景：

纯果乐饮料公司是一个顶级的果汁品牌公司，成立于1947年。2009年，公司的新老板，百事可乐公司决定为其在北美市场最畅销的橙汁重新设计现有的包装。

• 设计变化：

新的品牌标识：已经使用了超过半个世纪的经典弯曲标识——顶有一片叶子的黑体，变成了一个无衬线字体的垂直标识。垂直的文本可读性差、没有吸引力，而且也容易被遗忘。另外，由于它与其他文本过于相似，所以字体没能凸显出来。因此，新标识不仅没有引起人们的注意，还让消费者认不出该品牌了。

新的产品图像：原先橙子与吸管结合的产品图像显示了其纯天然的特点。当这个橙子的图像被挤出的果汁取代时，它仅仅生硬地显示了包装内的产品，但是具体是什么果汁呢？芒果汁？某种黄色的液体？它展示的其实是橙汁，但是如果人们看不出来怎么办？

新的盖子：新的盖子是半个橙子的形状，以强调压榨的概念。它本来可以是一个更有创意、更有趣的设计，但这个小小的改进没有达到那种效果。因为它实在太小了，消费者在远处根本看不到。

• **效果：**

推出新包装几天之后，消费者开始批评新设计，尤其是在社交网络上。两个月后，该产品的销售额下降了 20%，纯果乐饮料公司损失了约 3000 万美元。于是，纯果乐饮料公司宣布恢复原来的包装。这个项目总共花费了纯果乐饮料公司5000 多万美元[22]。

• **结论：**

明确并重视品牌优势：对于像纯果乐这样历史悠久的大品牌来说，品牌是其最大的资产。就好像消费者看到打鼓的粉红色兔子时，即使没有看到它的标识或名称，也知道它是劲量电池。纯果乐饮料公司在数年内花费数十亿美元购买商业广告，其"橙子吸管"的品牌形象已经深深地印在消费者的脑海里。当将其重新设计成极简包装时，确认真正有价值的品牌优势是第一步，也是最重要的一步。毕竟，极简设计的原则也是集中在真正重要的元素上。

如果看星巴克咖啡的标识演变过程，你会发现不管其设计多么简化，双尾美人鱼都没有消失。

适度的革新：消费者无法识别新的标识、字体、口号、盖子或产品形象。一旦这一切发生改变，忠诚的消费者就会在购买前产生犹豫。因此，过于激进地重新设计是很危险的。

简约不等于简单：消费者通常认为较少的内容和元素等设计是因为缺少营销和设计上的预算。这种低成本的包装经常出现在折扣品牌中。

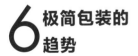

极简包装的趋势

环保

现如今，使用环保包装已经变成了一个品牌的承诺。例如，Ice Mountain 的包装后面写着：

"小盖子意味着塑料少。
你注意到这个瓶子有环保瓶盖吗？这只是我们正在努力减少对环境伤害的一部分。这个瓶子和瓶盖的平均塑料含量比原来的 500 毫升的瓶子和瓶盖的含量少 20%，更为环保。"

图 3、图 4：多功能快餐包装，Michal
Marko, Modest Studio

戴尔和宜家开始使用蘑菇制成的生物可降解包装，努力减少浪费，增加回收利用率 [23]。Modest Studio 工作室的一次性、环保多功能快餐包装，可以在一周后分解，并为植物提供营养，他们的口号是"吃掉食物，滋养植物"（见图 3、图 4）。

可持续发展与商业中心的数据显示，美国人平均每天约产生 1.95 千克的一次性垃圾。许多极简包装设计师正在努力提供可持续的解决方案，使用可循环和可回收的材料，以减少不必要的塑料废料。在从 2009 年失败的包装设计项目中吸取教训之后，纯果乐饮料公司在 2012 年选择了一个透明的聚酯瓶，甚至进一步推出了一款透明的可回收和重复使用的，重 28.3 克的手持水瓶。

美国环境保护署（EPA）的数据表明，使用更少、更轻和可循环利用的包装材料，包装废弃物会大大减少 [24]。在这个大规模网上购物的时代，更少的材料和更轻的包装不仅可以减少管理费用，降低销售价格，而且在这个竞争激烈、注重成本的市场上也可以降低购物成本。

尽管绿色环保是趋势，但是对于可持续包装来说，这仍然是一条漫长而艰难的道路。由于回收过程会产生更多的污染问题，因此通常回收材料的成本要比原材料高很多。由于消费者对可

图 5：毛巾包装，Hidekazu Hirai

图 6：Otoño 火腿包装，Tres Tipos Gráficos

持续包装缺乏共识，消费者需求不足，制造商大都不愿投资环保包装。

保持透明度

大卫·奥格威曾说过："消费者不是傻瓜，她是你的妻子。"

透明意味着通过提供清晰的信息和产品真实的外观来向消费者展现诚意。消费者并不愚蠢，虚假的广告标签只可能欺骗消费者一次，其结果就是较低的客户回头率。诚实是最好的手段。购物者喜欢仔细看看他们在买的是什么东西，即便你提供了一个尺寸图表，他们也要检查尺寸是否合适。他们喜欢感受和触摸面料是否柔软，也想要仔细查看商品内部的实际成分。

纺织品制造商 Maruju 在他们的毛巾产品包装上设计了一个透明窗口，让购物者可以看到产品的颜色和图案，甚至可以在不打开包装的情况下触摸产品（见图 5）。这种透明的、若隐若现的窗口也很好地应用在了西班牙 Otoño 火腿的包装上，从而使消费者可以看到肥肉和瘦肉的比例（见图 6）。在购买产品时，完全密封的包装会阻碍消费者的视线，直到买来以后，他们才能看到庐山真面目。相比之下，透明的包装会增加顾客的满意度，可以让他们买到称心如意的产品。

图 7：蔬菜汤包装，Masayuki Terashima

图 8：Meld 绿色食品包装，Jeannie Burnsid

冈本农场的蔬菜汤包装是由一个简单的透明塑料袋设计而成的（见图 7），透过包装，消费者可以看到里面的蔬菜汤。美丽、明亮的黄色玉米与黑色的标签形成鲜明的视觉对比。Meld 透明的生态环保包装可以让重视健康的消费者看到生产商严格把控的产品分量和包装中的有机食品（见图 8）。透明、极简的包装在视觉上简约、纯粹，可以开诚布公地将信息直接传递给消费者，同时也减少了环境污染。

但是，并不是所有的产品都适合于透明的特性，例如，对光线敏感的食品可能会因为暴露在光线下而变质。如果没办法采用完全透明的包装，那么部分透明或部分覆盖的包装可能是一种解决方案。制造商需牢记产品的可见性。为了保持产品的优势，食品制造商需要调整配方，放大主要原材料，这样消费者就能很容易看到它。

紧随社交媒体

包装设计不再只应用于零售货架。设计师还需要确保包装在社交媒体和移动设备的小屏幕上拥有良好的展示效果。消费者会在社交媒体上晒出产品图片，表达他们对某些产品的喜爱程度。随着社交媒体越来越多地影响消费者的购买决定，拥有一个简约的，同时在视觉上引人注目的包装设计变得越来越重要。位于美国纽约布鲁克林的一家冰激凌制造商 Van

Leeuwen，依靠其全新的极简包装设计，使销量增长了 50%[25]。

在社交媒体上分享产品图片通常有两种方式：通过搜索引擎或使用手机拍照。搜索引擎上的照片通常是商业摄影，是产品制造商上传到电子商务平台的。为了更简便地编辑图片和更好地设计网页，通常需要有一个固定的产品图片尺寸，并在产品的正面、侧面和背面拍摄不同角度的照片。一张产品美容照不仅需要一个技术高超的摄影师，还需要一个好的模型——一个上相的优秀包装！

标语和图片尺寸本身就很小，更不用说在移动设备上显示了。图片越小，包装标签就越小。较少的元素可以使包装更简洁，即使在移动设备上也可以很容易看到。在社交媒体中，极简包装设计更具吸引力，也更具效率。

7 结论与挑战

为了摆脱传统虚饰卖弄的形象束缚，企业纷纷追求极简包装设计，以使其具有当代性，提升产品和品牌形象的价值。保持去除不必要元素的原则，仔细评估每一个元素和每一个词语，以达到其根本目的——提供更干净、更强烈和更时尚的外观。抓人眼球的精致外观就如同无声的推销员，影响着消费者的购买决定，并实现其最终目标——降低成本和促进销售。极简包装是大势所趋，预计在未来 10 年之内不会消失。

然而，极简设计是否适用于所有的包装呢？根据 Luminer 的调查，如果标签上没有提供足够的产品信息，60% 的消费者可能会拒绝购买该产品，37% 的消费者会因为标签上不充分的照片和小小的文字而打消购买的念头。过多的信息会给人杂乱的感觉，但是过度简化的包装也会因为信息不足而使客户裹足不前。极简包装看似简单，但问题是"什么才是适当的"？然而，没有一个答案适合所有的产品和品牌。在决定采用极简包装设计之前，必须先考虑品牌的不同、产品的历史和行业类型等因素。

设计师们每年都在寻找能够解决所有包装问题的方法。随着技术创新、材料改进和消费者购买行为的转变不断地影响着极简包装的发展，将会有越来越多的可持续包装材料以供选择；会有更完善的解决方案，既能保持产品的透明度，又不会因产品暴露而腐烂；也会有下一个影响消费者购买决定的社交媒体出现。

参考资料

[1] 肖恩劳·J.《极简主义图形》.纽约：Happer Design and Maomao 出版社，2011.

[2] 2018 年度福布斯排行榜：世界最具价值品牌 . https://www.forbes.com/ powerful-brands/list/，2018.

[3] 西格尔·K.《极其简单：推动苹果公司成功的观念》.纽约：企鹅出版集团，2013.

[4] 理查德·S. 乔纳森·艾夫访谈：简约并不等于简单. The telegraph 网站： https://www.telegraph.co.uk/technology/apple/9283706/Jonathan-Ive-interview-simplicity-isnt-simple.html，2012.

[5] 克尔希·D. 苹果手机不再是一个消费者品牌——它是一个时尚标志. Medum 公司：https://medium.com/@DraketheFox/apple-is-no-longer-a-consumer-brand-it-s-a-fashion-icon-317b4f0b06f2.

[6] 统计网站 www.statista.com. www.statista.com.1992 年至 2017 年美国的超市 和其他杂货店销售变化（以十亿美元为单位）：https://www.statista.com/ statistics/197626/annual-supermarket-and-other-grocery-store-sales-in-the-us-since-1992/，2019.

[7] 尼尔森网站 . 快速消费品和零售业：追求新产品的成功：https://www.nielsen. com/us/en/insights/reports/2015/looking-to-achieve-new-product-success. html，2015.

[8] 阿皁姆恩·A. 社会如何影响艺术？艺术能改变社会吗？quora 网站：https:// www.quora.com/How-does-society-influence-art-And-can-art-change-society，2017.

[9] 尼尔森·J. 用户的阅读内容多少少？尼尔森·诺曼集团：https://www. nngroup.com/articles/how-little-do-users-read/，2008.

[10] 卢普斯·马蒂克 . 2019 年九大包装设计趋势 . 99 设计网： https://99designs. com/blog/trends/packaging-design-trends-2019/，2018. 12.

[11] 罗瑞达娜·帕普 - 迪内亚·M·B. Behance：2019 年度设计趋势指南．
behance 设计网：https://www.behance.net/gallery/71481981/2019-Design-
Trends-Guide，2018. 10.

[12] 大卫·罗贝热．未来预测：2019 年产品包装趋势．industrialpackaging 网站：
https://www.industrialpackaging.com/blog/a-predictive-look-ahead-2019-
product-packaging-trends，2018. 11.

[13] 内迈尔·T. 2019 年十大包装设计趋势．inkbotdesign 设计网：https://
inkbotdesign.com/packaging-design-trends/，2018. 10.

[14] Source Nutraceutical 公司．新的一年，新的包装设计趋势．Nutraceutical 公司
官网：http://sourcenutra.com/2018-2019-packaging-trends/,2018. 12.

[15] Cad Crowd 公司．2019 年度新品创意包装设计趋势．cadcrowd 网站：https://
www.cadcrowd.com/blog/creative-packaging-design-trends-for-new-
products/，2018. 9.

[16] Luminer 网站．购物者揭露吸引他们注意的包装和标签．Luminer 网
站：http://www.luminer.com/articles/survey-packaging-labeling-grab-
shoppers-attention/，2018.

[17] Brand Packaging 网站．包装的力量：2018 年度行业状况报告．Brand
Packaging 网站：https://www.brandpackaging.com/articles/86137-the-
power-of-packaging-2018-state-of-industry-report?v=preview，2018.

[18] 美国国家公共电台新闻发布室．美国国家公共电台与马里斯特舆论研究所
共同开展的民意调查：亚马逊是美国购物者消费平台的巨头．美国国家公
共电台网：https://www.npr.org/about-npr/617470695/npr-marist-poll-
amazon-is-a-colossus-in-a-nation-of-shoppers，2018.

[19] 尼尔森公司 . 了解品牌的力量 . 尼尔森网站： https://www.nielsen.com/us/en/
insights/news/2015/understanding-the-power-of-a-brand-name.html，2015.

[20] Luminer 网站 . 购物者揭露吸引他们注意的包装和标签 . Luminer 网
站： http://www.luminer.com/articles/survey-packaging-labeling-grab-
shoppers-attention/，2018.

[21] Fuseproject 设计公司 . 彪马公司巧妙的小袋子 . Fuseproject 网站： https://
fuseproject.com/work/puma/clever-little-bag/?focus=overview，2011.

[22] 马里昂 .《品牌杂志》. 品牌杂志网： https://www.thebrandingjournal.
com/2015/05/what-to-learn-from-tropicanas-packaging-redesign-
failure/, https://www.nytimes.com/2009/02/23/business/media/23adcol.
html?pagewanted=all，2015.

[23] 伦珀特 · P. 宜家转向使用蘑菇制作的包装 . winsightgrocerybusiness 网
站： https://www.winsightgrocerybusiness.com/retailers/ikea-switches-
packaging-made-mushrooms，2018. 6.

[24] 莉莲菲尔德 · B. 生活科学：从危机到神话：包装垃圾问题 . 生活科学网：
https://www.livescience.com/50581-packaging-no-longer-the-nightmare-
some-claim.html，2015.

[25] 基托 · A. 位于美国布鲁克林的一个冰激凌品牌在重新设计包装之后销售
额增加了 50%. qz 网站： https://qz.com/944549/van-leeuwen-ice-cream-
sales-increased-after-it-redesigned-its-packaging/，2017.

案例赏析

PART 1

约 束

• • • • • • •

RESTRAINT

把注意力集中在重要的事情上，忽略不必要的内容。

"极简主义并不代表一味地减少，而是要恰到好处。"

—— 尼古拉斯 · 巴洛斯 （Nicholas Buroughs）

什么是恰到好处？不同的行业有不同的答案和标准。保持简
单就好！

Les Bons Vivants
食品包装

—
设计
Cécile Nollier, Clémence
Gouy

完成时间
2018

Les Bon Vivants 是一家移动食品店，每个月顾客都会在一个个特殊的盒子里发现各种美食。

超市里的包装通常很繁杂。设计师们希望通过一个干净、极简的盒子，将该产品与普通的奶酪区分开来。该包装并没有过多描述，而是让产品为自己代言。明亮的克莱因蓝色吸引着人们的视线，同时提醒着人们法国传统乳制品包装所使用的蓝色。同时，极简设计风格会引起人们的好奇心：你想看看里面到底是什么吗？

这个设计的灵感源于当地农村传统的食杂包装：它们通常是由普通的牛皮纸制成的，有时还带有特定的图案和手写标签。

然而，由于目标客户是年轻的城市人群，设计师希望它更具现代感和吸引力，以新奇的外观激发人们的好奇心。单凭手写标签是无法达到这种效果的，所以他们决定放弃牛皮纸纹理的包装，采用大胆的克莱因蓝色，并选用看起来比较高级的盒子，以此与传统的奶酪包装进行区分。盒子里的每一个图案都源自不同的奶酪纹理，这一个个珍贵的盒子使探寻奶酪和葡萄酒的过程变得独具魅力。

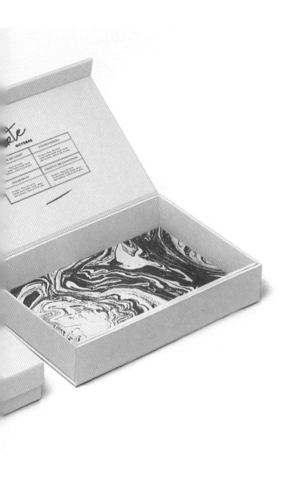

Sundaze 护肤品包装

一
客户
Sundaze Skincare

设计
Caterina Bianchini Studio

完成时间
2017

Sundaze 是一家化妆品公司，主营产品是防晒霜。该公司希望通过一款带有提亮肤色、保湿补水效果的有机产品和大胆的包装设计来打造现代化品牌。

品牌标识的设计是为了体现独一无二的图形布局。设计师将品牌标识设计得如同日偏食一样，坐落在包装之上，让人在潜意识里认为这些产品是日常使用的防晒霜。该包装虽然简约，却不同寻常，多形态品牌标识的应用使得Sundaze 的品牌形象独具风格。"Sundaze"的位置布局借鉴了太阳光线的形态，创造出了一个完全参照太阳形状的品牌标识。这一系列产品的清晰而大胆的包装设计风格使其在市场上所有的防晒霜产品之中独树一帜。

DAILY SUNSCREEN
SPF 30 BROAD SPECTRUM
2FL OZ I 60ML

DAILY SUNSCREEN
SPF 30 BROAD SPECTRUM
2FL OZ I 60ML

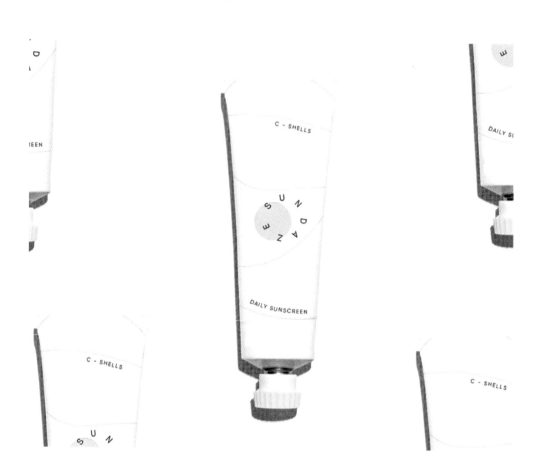

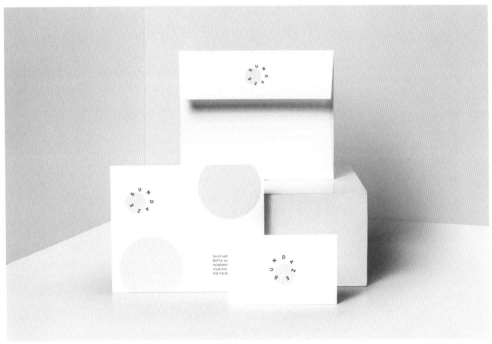

Dose Skin 护肤品包装

—
客户
Niche Skin Labs

设计
Tato Studio

完成时间
2018

Dose Skin 是加拿大的一家公司，其产品致力于保护和修复敏感肌肤。为了减少环境污染，Dose Skin 采用填充式包装，并选用环保玻璃瓶和铝制容器。公司的目标是结合植物活性物与先进的护肤技术，打造一个精致且成熟的护肤品品牌。

该包装是为了带有愈合属性的浓缩配方产品而设计的。为了体现品牌的优雅与纯净，设计师选用了灰色以及有渲染力的符号标志，非常符合其极其温和、功能强大的产品成分。为了加强令人愉悦的触觉和视觉体验，设计师们测试了不同种类的纸张，最终决定使用三维浮雕和烫印技术来加强简约的设计效果，并关注整个设计及生产过程的每一处细节，确保万无一失。

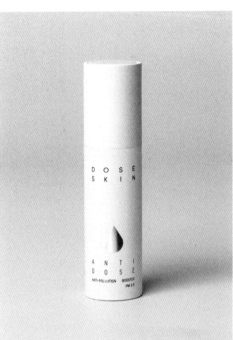

Onkel Toms 啤酒包装

—

客户
Onkel Toms

设计
Michael Reichen

完成时间
2018

Onkel Toms 是一家位于瑞士的小型手工精酿啤酒厂。由于资金和人力资源的原因，客户要求酒瓶标签的设计必须节约成本，并采用极简风格。Onkel Toms 生产的手工精酿啤酒多种多样，可供选择的品类从来不大量生产，但各类产品口味多变，不尽相同。在这里，一种啤酒很少有第二次被酿造的情况。简单而灵活的设计理念是很重要的，这样产品标签就可以在很短的时间内制作出来。为了形成统一化标准，所有啤酒的标签既要易于辨识，令顾客一眼就能看出是 Onkel Toms 的产品，又要易于区分各种产品，突出丰富的产品种类及其各自不同的口味。黑白相间的统一化设计标签不仅能够节约成本，还便于打印和切割，仅使用订书机便可进行简单的安装。

Feldspar 家居用品包装

一

客户
Feldspar

设计
Feldspar

完成时间
2016

该系列包装是为高档骨瓷餐具、香薰蜡烛和冷加工皂条等家居用品设计的。

该品牌的理念是"终身使用",即制作经久耐用的生活用品,是针对"一次性"消费问题的解决方案,而包装盒则需要反映这一品牌理念。该包装淡雅、低调不张扬、极简至极,仅有两个设计元素:着以柔和色彩的优质纸和以浮雕形式印在盒子上的必要产品信息。该品牌主张使用最优质的材料,而设计师也将这个理念运用到包装之中:用纸选自品牌 GF Smith 的英国色卡纸 Colorplan——世界上最好的色卡纸之一。Feldspar 产品的购买者常常会保留这些包装盒,以便日后用来储存其他物品,或者直接把它们当装饰品,因为这些盒子非常漂亮。

设计师们从游览日本的经历中获得了很大的启发。在日本购买东西的时候,即便是一双袜子,他们都会精心包装。这些家居用品有的是可以使用一辈子的,所以设计师们想让顾客的购买行为变成一个特殊的仪式。Feldspar 所制作的每一件产品都装在属于自己的礼盒之中,礼盒用纸均是在英国湖泊地区制作而成,然后运到英国城镇莫尔文进行手工组装的,纸上印有亚光黑色和金色的浮雕文字。盒子未加涂层,因此纸的质感是消费者体验的核心,而纸的颜色(每种尺寸都有不同的颜色)反映了位于英国德文郡的公司四周的景观,令人联想到荒野沼泽上的迷雾。

Carpos 橄榄油包装

一

客户

Carpos Loannis Stoliaros

设计

Panos Tsakiris

完成时间

2017

该项目的任务是设计一套产品包装（包括瓶子以及它的外包装），能够体现出该品牌橄榄油的卓越品质。

设计的主要目的是让用户通过多种感官来享受这种极致体验，因此，深刻的纹理被巧妙地融入设计之中。设计灵感主要来自橄榄树树干的不同形状及其不同用途。该品牌的经营理念与项目的设计理念相结合，共同促成了这款限量发行、编号标记的手工制作的瓶子。生长在希腊罗多彼山脉上的 750 棵橄榄树，一年四季都被精心保护着，从而使消费者可以享用到优质的橄榄油。

每一个限量版的瓶子都装在独立的环保包装之中，包装上没有使用任何黏合剂。瓶子的极简主义形式、选用的制作材料，以及其耗时较长的制作过程，均使它看起来与众不同。然而，对细节的关注以及对产品的热爱才真正增加了品牌的价值。

设计师的目的是为了让用户完全与品牌价值和理念产生共鸣。若要产生如此效果，文化转移是最佳的实现方式。如果信息是强而有力的，那么你只需展现基本信息即可。设计是一个永无休止的过程，它既要传递信息，又要刺激用户的感觉。这就是为什么设计师不喜欢用视觉设计这个术语的原因，因为他们试图处理全部问题，而不仅仅是视觉问题。

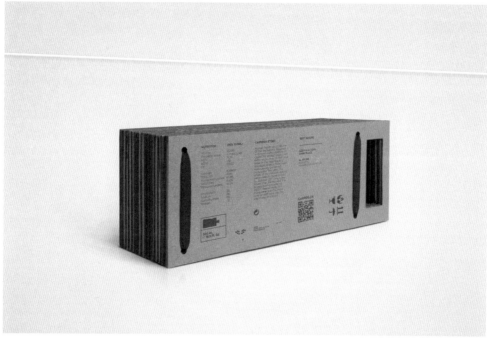

Eumelia 农产品包装

—
客户
Eumelia

设计
Typical Organization

完成时间
2016

该项目是关于生物动力农产品的视觉品牌标识和包装设计。一个看似不合适的颜色——粉红色,给 Eumelia 农产品打上了烙印。这个颜色是根据 1772 年歌德为颜色赋予的意义来进行选择的。这个特定的颜色与绿色互为补充,因为它是负面的、地球内部的颜色,而绿色是积极的、地球表面的颜色。除了歌德的理论之外,生物动力农业的创始人鲁道夫·施泰纳(Rudolf Steiner)也提出了自己的色彩理论,并赋予这种粉红色独特的地位,即它是"里面"的颜色。

鲁道夫·施泰纳就像建筑师一样,有自己特定的方法——在设计中完全拒绝使用直角,而用在自然界中观察到的自然曲线和光滑斜坡来代替。基于这个原则,设计师根据 Helvetica Neue 字体创造出了一套新的字体,并将其应用在该产品的所有包装之上。

Steph Weiss 啤酒包装

一

客户
AND UNION

设计
AND UNION

完成时间
2016

该品牌的罐装啤酒是在 2017 年初推出的，其包装设计大胆而又简约。固定的、单一的颜色便于将啤酒罐排成直线，从而解决货架上杂乱无章的问题。设计的亮点部分在于纹理，设计师放弃了典型的手工啤酒的包装样式，采用浮雕的几何形状来增加容器的厚度。在铝罐的表面，设计师利用细节和触觉的设计来平衡整体视觉的简约性，同时反映材料的延展性。极简主义的设计呼应了 AND UNION 的现代主义理念，同时与廉价啤酒罐产生了鲜明的对比。

Bodega Los Cedros
葡萄酒包装

—
客户
Bodega Los Cedros

设计
Anagrama

完成时间
2017

Bodega Los Cedros 是一个坐落在墨西哥科阿韦拉州的葡萄园，自 2012 年以来便专注于葡萄酒的生产。

基于葡萄园所在山区的地理位置，该品牌的解决方案突出了该地区的特色，如气候、海拔、植物群和动物群。该项目选用三棵松树作为该品牌独特的标志。

葡萄酒标签的外形模仿了云朵的形状。无衬线字体的排版增加了现代感，而手写字体则保留了更多有机的、原始的感觉，这种方式将品牌的简约与优雅展现得淋漓尽致。

在色彩的选择上，设计师选用了一种中性的颜色，在突出不同葡萄酒色调的同时，加强了酒瓶与标签之间的对比。这组包装设计会让人想起酿酒厂周围的美丽风景。

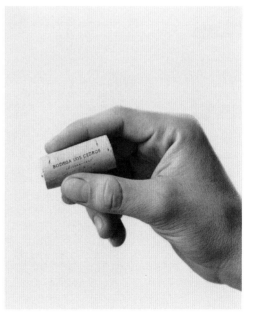

Norske Bryggerier
啤酒包装

—
客户
Norske Bryggerier

设计
Frank Kommunikasjon

完成时间
2018

Norske Bryggerier 是一家总部位于挪威首都奥斯陆市的公
司，该公司在挪威西海岸开设了一家小型木地啤酒厂，生
产高品质的手工酿制啤酒。

品牌设计的理念是突出优质啤酒的口感和志趣相投的伙伴
之间的感情。标识中的两个圆具有双重含义：一是冒号的
意思，代表该公司有许多啤酒厂；二是代表给最好的朋友
准备的两杯啤酒。黑色代表挪威的"黑市"，意在回应挪
威禁止宣传酒精或使用任何促销形式的法律。

该包装是为"非卖品"设计的，是在开始全面生产之前，
用于内部品质测试的样品的包装。包装瓶的设计灵感来自
药瓶，其标签的设计是为了文件记录的使用。中性设计的
原因是为了让品尝者可以专注于品尝过程，避免受到颜色
和插图的影响。

Strike 葡萄酒包装

—
客户
Conrado Gajate / Kiko
Calvo

设计
Javier Garduño Estudio de
Diseño

完成时间
2017

客户要求设计师们为其葡萄酒命名，并设计其品牌和包装等。从一开始，客户就给了设计师们创作自由，他只是将葡萄酒形容成"full"，在西班牙语中，"full"对应的词语是"Pleno"，它含有不同的意思，其中一个意思与保龄球相关，表示全中，即胜利的意思，于是设计师决定把瓶子换成保龄球瓶的形状。为了加强保龄球瓶的视觉效果，设计师利用合成的白色蜡封将其密封，并增加了一个印有图案的外包装盒。

Mandarin 巧克力包装

一

客户
Mandarin natural Chocolate

设计
Yuta Takahashi

完成时间
2016

Mandarin 品牌专注于制作天然巧克力，公司聘请专业人员对从烘焙可可豆到制成巧克力棒的整个生产过程层层把关。纯度分别为 60%、80% 和 100% 的可可巧克力棒中，只添加了有机可可和蔗糖。

设计师想在包装设计中体现出该品牌的产品理念。为了表明巧克力是有机的、没有杂质的和高品质的，设计师选用了白色包装，给人一种独特的印象。位于包装底部的小圆点代表着巧克力中的可可含量。标识和圆点的位置位于包装的斜对角，进一步凸显出了中心的白色区域，设计师希望通过这些留白来增加产品包装的极简主义印象。

Mandarin n...

Mandarin n...

Mandarin natural Chocolate

PART 2

黑与白

黑白配色往往会显得精致、正式、优雅、高端和有威信。

随着不必要的颜色的淘汰，黑白是极简设计的终极配色。神秘的黑色矗立在负（白色）背景之中，这种高对比度会加强包装的视觉冲击效果，并创造惊喜，既独特，又符合规律。

黑色领带象征着正式，黑色腰带象征着专业，所以人们有充分的理由相信黑白色调代表着高品质。

5:min 护肤品包装

—
设计
Jessica Wonomihardjo

完成时间
2016

皮肤护理是一项复杂的健康护理，对男性而言尤为如此。因此，一款时尚、简单、功能性强的护肤品对男性来说更为重要。这个包装的设计灵感源自时间概念和传统时钟。时钟是用来显示时间的仪器，它可以用来象征消费者的肌肤护理口常。因此，产品包装的外形仿照了传统时钟的形状，以表盘的造型呈现出来。

5:min 代表了有效的肌肤护理，更代表了高度的时间效率。设计师以时间和时钟为隐喻，并将其贯穿于整个品牌和包装设计之中。传统时钟形状的运用，勾勒出一种极简的造型。Avenir 字体的使用既显示出时代特征，又体现出品牌所一贯坚持的价值观念：纯粹主义。在着色上，设计师采用黑、白、灰等单色调，以延长品牌设计的使用时间。

产品背后的基本理念是简单直接和功能驱动性。设计师将产品的使用顺序和名称列为设计的重中之重，这对消费者来说非常重要。黑白相衬的色彩布局，凸显了高级而又精致的品牌印象。

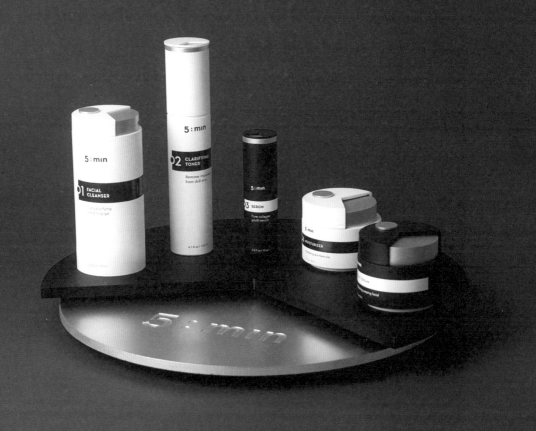

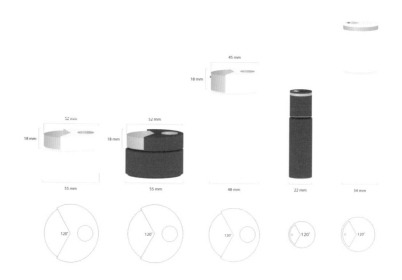

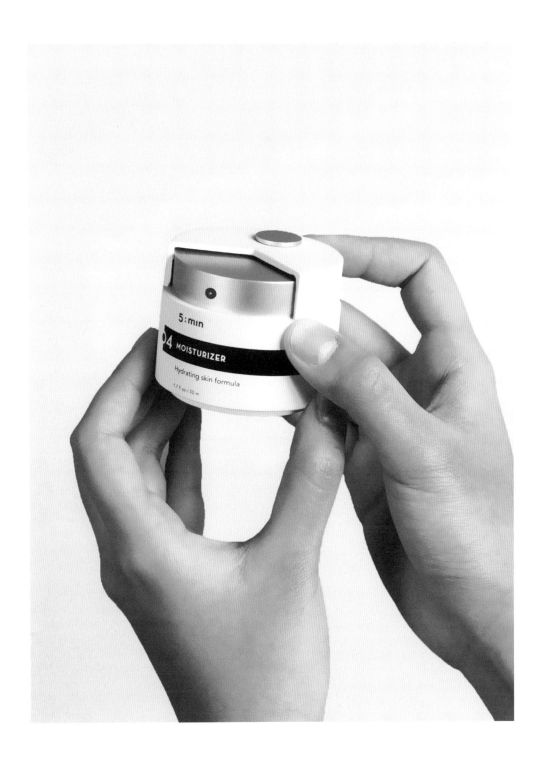

Peet Rivko 护肤品包装

—
客户
Peet Rivko

设计
Gunter Piekarski

完成时间
2017

Peet Rivko 自问世以来，就以其纯天然的配方和简洁的视觉美感赢得了各大媒体的广泛关注。为了使敏感肌肤免受香料和化学成分等添加物的影响，Johanna Peet 推出了一款植物性的护肤产品。

本次包装设计也以一种简约的视觉语言来回应品牌的广告语——护肤，简单。配套的产品、俏皮的字体以及干净的版式汇聚成了这套具有动感活力而又令人振奋的包装设计。

K&Q 蛋糕棒包装

—
客户
Poco a Poco

设计
Latona Marketing Inc.

完成时间
2017

棒状甜食（蛋糕、烘焙食品以及巧克力等）通常采用塑料袋进行包装售卖。然而，由于它们又长又窄的形状和不定形的塑料包装，没有太多空间可以加入设计元素，而呈现出的信息则更难以阅读。

该设计将带有图案的纸套筒覆盖在塑料袋之外，一举解决了这些问题。纸套筒的长度与宽度的比例为 8:1，套筒两侧印有棋盘样式的拼接图案。一个大包装礼盒内装有八个纸套筒，当所有的套筒在礼盒内整齐地排列在一起时，纵横交错的美丽的棋盘图案便完整地呈现在眼前。图案一直从套筒侧面延伸到正面，正面的中间部分有一个窗口，方便消费者查看套筒内的产品。

为了保持成本最低化，这些纸套筒不需要使用胶水就可以组装而成。每套纸套筒都是由独立的一张模切纸制成的，只需一步就可以手工组装起来。

MARAIS 蛋糕包装

一

客户
Patisserie Perle

设计
Latona Marketing Inc.

完成时间
2016

钢琴通过每个单独琴键的声音组合，可以弹奏出美丽的和声。人就像钢琴的琴键一样，没有两个独立的琴键会发出相同的声音，人们也都有自己的个性，拥有不同的理念和信仰，但是大家共同创造了一个美丽而又和谐的社会。这个包装设计的灵感就来自钢琴。

为了降低成本，设计师采用了一种包装设计，利用包装盒的六个不同表面，将其拼装成各种类型的钢琴键盘。利用这种设计，设计师可以拼出任意规格的钢琴键盘，从小钢琴键盘到 88 键的大钢琴键盘，甚至可以更大。例如，拼装成一个八度音阶的 13 个键的键盘，需要使用 8 个蛋糕盒；两个八度音阶的 25 个键的键盘，需要 15 个蛋糕盒。

每一款礼品盒都是设计师根据顾客的需求精心设计的，顾客可以把这个用心制作的礼物送给重要的人。

膳食补充剂包装

一
客户
Bioterra

设计
Lesha Limonov

完成时间
2018

该项目的包装设计灵感源自多米诺骨牌。根据多米诺骨牌的原理，第一步会引起下一步的连锁反应，然后在线性序列中触发彼此。而我们的健康也是从第一粒药片开始的。

包装采用了多米诺骨牌的形式，以"6 | 4"图案模式进行呈现。白色的圆点代表着白色的药片，以浮雕形式印于包装盒上，从而显示出与多米诺骨牌更为精准的相似性。品牌名称采用烫印的形式。包装中的药片数量与包装正面的圈点数量相同。包装背面印有品牌名称的盲文。

在设计之初，设计师试图采用非常规的创意和解决方案。理解产品的本质并通过关联性找到这个概念是很重要的。当概念形成以后，设计只是技术问题。设计师采用隐喻的方式，将药片变换成令人印象深刻的图案。

Air-Ink 创新产品包装

—
客户
Heineken Asia Pacific

设计
Marcel Sydney

完成时间
2017

Air-Ink 产品通过创新技术直接收集汽车排放的尾气，并将其转化为安全、可靠的墨水。为了表达出这个美好的创意，包装采用了很少的装饰元素。简单干净、低调内敛的包装形式反映了精细的制作过程。在这幅素净的空白画布上，设计师们放弃使用鲜艳的颜色，而选择了大胆的、对比度高的黑白色系，以泼墨的形式和优雅有趣的排版方式来进行设计。

该设计灵感来自产品本身。它采用一项突破性的技术，将空气污染物转化为能产生美的原料。街道上的空气污染形成的是黑色的碳烟，因此该设计保持着一种黑白相间的美感，试图既反映出革新的技术，又反映出墨汁本身的黑色。优雅的排版采用大写字母的形式，形成了一个强烈的视觉架构，并与流体形式的、纹理丰富的墨渍图案形成鲜明对比。

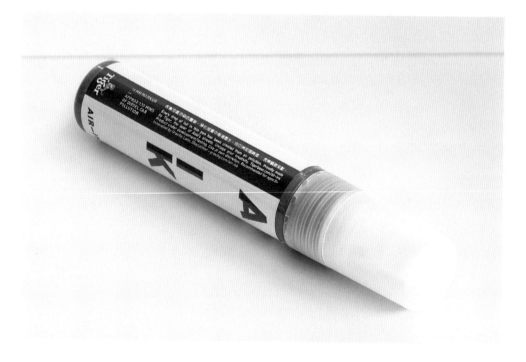

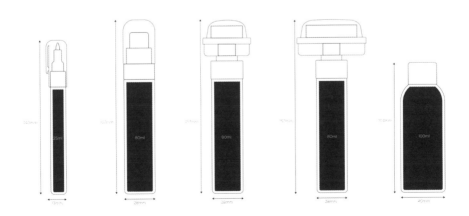

Soto 清酒包装

—
客户
Billy Melnyk

设计
Joe Doucet x Partners

完成时间
2017

Billy Melnyk 想创造出一个可以在西方市场名声大噪的日本清酒品牌。

设计师们从几百个名字中选定了"Soto",它在日语中是"外面"的意思。选择这个名字最主要的原因是,设计师们想以一种前所未有的方式,将日本文化中的核心精神带到西方。瓶子上的圆孔设计源于品牌名称,寓意让人们通过清酒看到"外面"的世界。设计师选择在瓶子上保留部分日本文字,以此反映出一个事实:这不是西方的清酒,而是采用日本新泻地区著名的传统方法酿造出的一种顶级优质清酒。

设计师所面临的一个困难是:日本京都的装瓶设施没有办法在清酒瓶中插入软木塞,大多数清酒瓶上只有螺帽。然而大多数西方人认为螺帽是便宜的象征,但事实上这个产品是最上等的清酒之一,每瓶的生产成本不低于 50 美元。虽然,设计师最终选择使用螺帽,但 Billy 建议在螺帽外面加上日式牛仔布,这简直是神来之笔。设计师让销售人员在拿掉布面顶盖的时候,用这块布擦去冰镇瓶子上的凝结物,然后把布平铺在桌子上,再把瓶子放在上面。这一系列举动完全分散了人们对于螺帽的注意力,把不利因素变成了优势。

Roswood 太阳镜包装

一

客户
Roswood

设计
F33

完成时间
2016

在目前的市面上，一些眼镜包装是由木料制作而成的，如滑板眼镜、冲浪眼镜的包装等。设计师想要创作一款令人惊奇的包装，同时也可以使产品增值。棺木有永恒不朽之意，它有助于体现玻璃本身的耐用性，因此设计师采用了棺木的形式，同时消除了真实的棺木所带有的悲观色彩和阴暗特性。

设计师将产品名字根据盒子本身的形状排列成一个"十"字形，然后用一些看起来像钉子的元素来装饰它。包装最终呈现的效果就是一个现代的"棺材"，非常干净、利落，消除了死亡的消极意味，并含有永恒的积极效果。

PART 3

单 色

MONOCHROME

. . . .

极简包装将配色、渐变和阴影的使用最小化，只留下一种纯色或类似的颜色。

极简包装的配色不仅限于黑白，它可以与更深和更浅的单色相平衡。

Atölye 蜡烛包装

一
客户
Atölye

设计
Mustafa Akülker

完成时间
2018

极简主义的概念极为重要，以极简的方式设计而成的包装容易令消费者记住品牌，同时能够以一种简洁而有效的方式反映出品牌理念。

Atölye 公司位于土耳其伊斯坦布尔市，主要从事手工装饰品的生产。受大自然的启发，Atölye 想制作一套蜡烛饰品。设计师想通过包装设计来反映品牌，所以她运用了清新和渐变的色彩来体现极简主义。在创作这个系列时，设计师专注于观察大自然，并深受大自然中的色彩与神秘感的启发，由此产生了如此优雅而简易的包装。这样的呈现方式对消费者来说是很有必要的。如此简约的包装也正是对燃烧不熄的蜡烛的现代诠释。

Forno Classico
面包店包装

一

客户
Forno Classico

设计
Artware

完成时间
2018

Forno Classico 是一家位于希腊卡瓦拉市的面包连锁店品牌。设计公司 Artware 准备通过引入线条清晰的图案，重新构建 Forno Classico 的企业形象与标识。新的标识灵感来自该品牌经典、简约的产品外形，而标语"Classico"则通过具有现代风格的手写字体进行了视觉升级。

全新的标识印在全新的包装上，并与渐变的橙色系新配色和谐地融为一体。随着大量不同的包装问世，每一款产品都有自己独有的包装，而包装本身就是以一种抽象的方式，叙述着产品从生产到消费，再到给人们带来乐趣的故事情节：在形象方面，是以包装表面上的线条来叙述的；在文字方面，则通过将名言警句印在包装之内的方式来阐述。最后，设计师对品牌的工作制服和宣传资料进行了重新设计，为整个品牌的各个环节提供了统一的标准化应用。

Moodcast 香氛包装

—

设计

Studio L'ami
(Fredericus L'Ami)

完成时间

2018

荷兰视觉艺术家 Berndnaut Smilde 曾于 2012 年自制了一系列美丽的云彩，而该项目设计师在创作这一系列包装的初期便是参考了这个作品。这一作品概念的抽象本质最终促使设计师选用圆圈来模拟 Moodcast 蜡烛的效果。

采用烫金工艺的圆圈是主要的设计元素，旨在突出独立空间或个人情感。在整个产品体验的过程中，圆圈以多种方式应用在产品的各个部分。在玻璃容器的设计上，设计师将亚光玻璃器皿与半透明圆形窗口相结合，以加强个人独立空间的概念，并在蜡烛燃烧时凸显火焰亮度。色彩选择的灵感来自 20 世纪 60 年代的芬兰玻璃器皿。设计师运用色彩疗法的原理来创建配色方案，从而帮助每个人改善自己的情绪。

设计师一直相信简约所蕴含的力量，尤其是在日益饱和的零售市场，产品设计需要更为独特才能获得消费者的青睐。在该项目中，设计师有意在包装设计中留出大量的空间。极简主义的设计美学要求设计师寻找策略性的方法，以机智的方式将产品信息传递给消费者。产品细节（如重量和容量等信息）是以压凹的方式印在包装上的，以吸引消费者近距离观察，而没有作为整体的品牌设计元素。为各个独立的设计元素增加双重呼吸空间，这样的设计会给人一种平静的感觉，并且使每一种元素都更加突出，以便它们能更为有效地与消费者进行沟通。

RINGANA 天然产品包装

一

客户
RINGANA GmbH

设计
Moodley Brand Identity

完成时间
2016

RINGANA 品牌所生产的化妆品和超级食品的所有成分都是纯天然的，没有任何人工配料。该品牌要求其包装能够关注产品本质，并反映品牌的创新精神。

在整体的品牌重塑过程中，设计师把补充品的产品组也放到了新的包装内容中。项目第一步是创建一个简化的、永恒的设计，它既可以为顾客提供产品概念，也可以让消费者区分不同产品，同时让顾客清楚，虽然他们在谈论不同的产品，但都是来自同一个品牌。第二步是提供更简易的包装方式，方便顾客使用，同时方便员工进行产品配送。包装采用 100% 可回收的材料制作而成，上面没有任何多余的装饰。

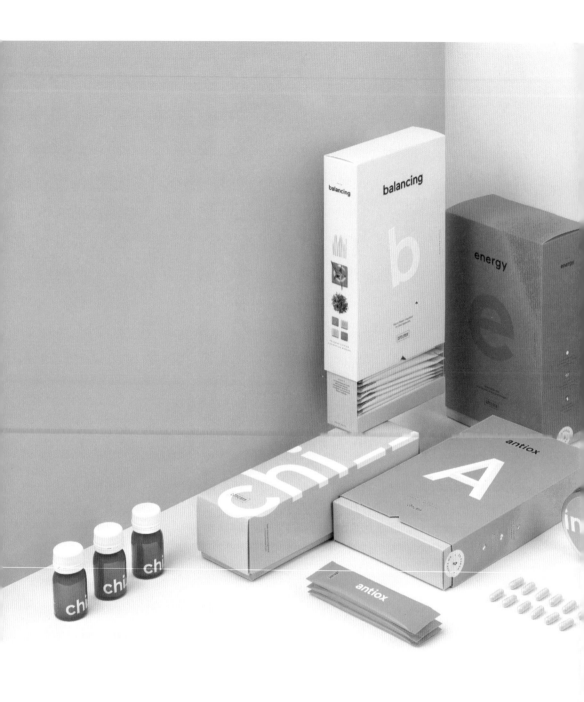

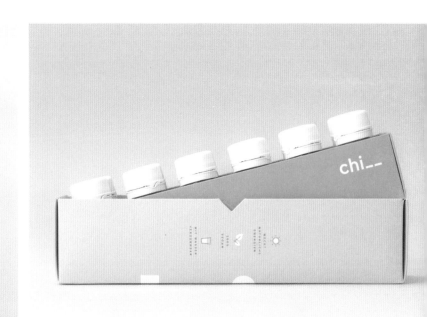

JUS 果汁包装

一

客户
JUS·Juice Up Saigon

设计
Duy—N

完成时间
2015

该项目的任务是寻找一种完美的视觉设计方案，在越南创造出一个独特的冷榨汁品牌。由于冷榨汁在越南是一种全新的产品，因此挑战性很大。为了在市场上混乱的设计中脱颖而出，极简主义成了 JUS 的主要设计理念。练习瑜伽可以将身体、精神和心灵联系在一起，设计师基于这个灵感，创造了一个独特的等边三角形包装瓶。为了呼应品牌的有机成分，JUS 的标识设计很简单，以自然的曲线和不对称设计，为品牌创造出自然的视觉形象。

JUS 的设计过程非同寻常，设计师花了一个月的时间来设计和完善瓶子的形状，然后使用黏土、3D 打印技术来制作瓶子，并测试三角瓶的恰当角度。瓶子投入生产之后，设计师又开始进行品牌标识设计。整个设计系统都是围绕着瓶子的圆角化和三角形边缘处理进行的。在瓶子的生产和品牌标识设计完成后，印刷测试成了另一项挑战任务。因为塑料表面的油墨配方测试是至关重要的，如有不当，印刷内容很容易会被剥离或刮掉。除此之外，由于胡志明市一直都是炎热的天气环境，配送箱内的热防护需要在预算范围内进行合理的功能设计和生产。

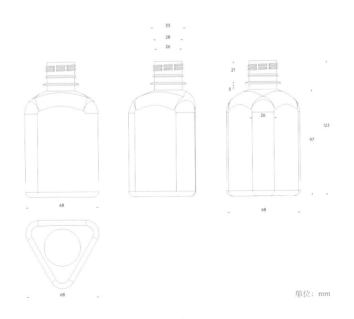

单位：mm

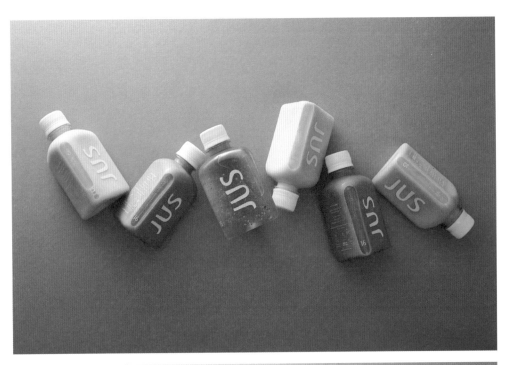

One 移动电源包装

一
客户
3R Memory

设计
Veronika Levitskaya

完成时间
2017

品牌 One 专为城市市民开发小型蓄电池，让他们不必再携带大尺寸的移动电源。这个电池足够一个人使用一整天，并让手机始终保持 70% 的电量。

设计师的任务是为这个小型移动电源创作品牌标识、形象和包装。包装设计非常简洁、方便，就像这个产品本身一样。包装可以以一种快速且简易的方式打开，并吸引人们对电源本身的注意。设计师将品牌中的字母"O"进行了重新设计，并将其作为品牌标识和产品形状设计的关键依据。这种包装使产品可以作为送给他人的礼物，也可以自己使用。

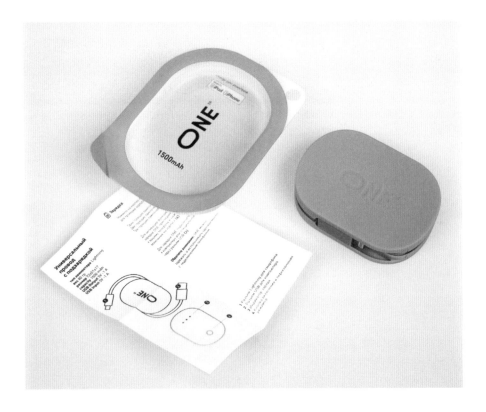

Rubedo 辣椒酱包装

一
客户
Rubedo Hot Sauce

设计
Stefan Andries

完成时间
2017

Rubedo 在拉丁语中是"红色"的意思，是炼金术士用来描述魔法石在炼制过程中的第四阶段和最后阶段所呈现的状态。Rubedo 是一种辣酱，根据神秘的配方，使用自己种植的辣椒和一些基本的炼制技术制作而成。

设计师想重现中世纪炼金术士使用的瓶子，但采用的设计完全是现代、简约的。瓶身的形状和质地，加上酱汁鲜红的色泽和软木塞的自然质感，配上完美的标签设计，使该产品以一种简单而独特的方式脱颖而出。

设计师是在找到了完美的瓶子之后，才开始设计标识的。这个标识的设计灵感来自中世纪使用的炼金术符号，品牌的首字母"R"被设计成一个贯穿首尾的循环，同时代表 Rubedo 已经是同类产品的终极阶段了。

标签的设计以现代和极简的方式，复制了炼金术士用来标记药剂的旧标签。标签上清晰地写着"辣酱"的字样，并被折叠成一个完美的正方形，一面印有品牌标识，另一面印着古老的炼金术符号，分别代表着水、火、太阳和地球。

Teastories 茶叶包装

—
客户
Teastories

设计
Anagrama

完成时间
2014

Teastories 是一家位于奥地利首都维也纳的茶叶商店，主要提供来自世界各地各式各样的优质茶叶产品，从斯里兰卡红茶到日本绿茶，以及各种茶具，应有尽有。

该品牌设计旨在以一种简约的、平易近人的方式呈现出茶的自然风味和香气，利用画笔和微妙的配色来体现茶叶的精华，并将其贯穿整个品牌的包装设计之中。

在标识设计中，引号和茶叶的形状被融为一体，意在表达每种茶叶都有不同的故事。每个包装上都印有描述茶叶个性的词语，以独特的形式突出每一种茶叶不同的特征。

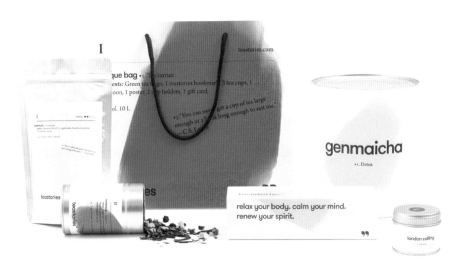

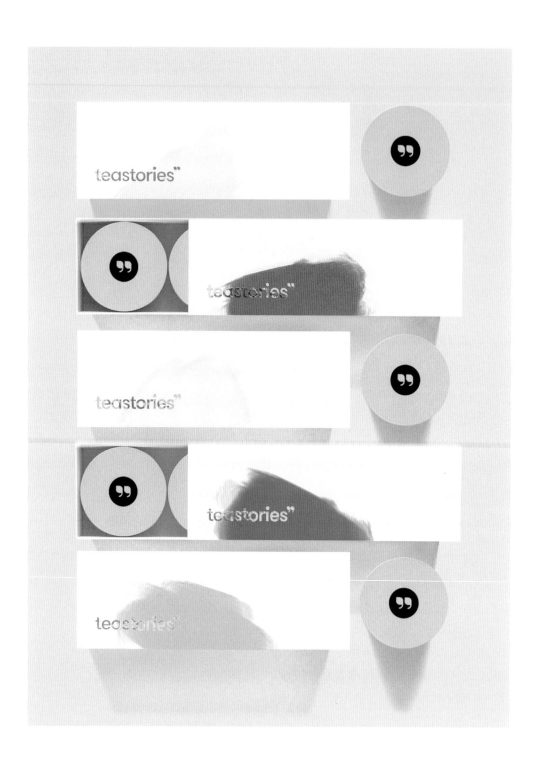

energize your work, life and spirit.
you are amazing and full of energy.

Tesis 饮品包装

一

客户
Tesis

设计
Anagrama

完成时间
2016

Tesis 将草药与茶相混合的灵感来源于茶的起源和拥有悠久历史的鲜花、草药、植物根和水果等。

日本书法中的线和点非常重要，代表了日本最流行的艺术形式之一。书法作品代表了进行传统茶道仪式的智者的教育，这种仪式在禅宗环境中促进了茶叶的消费。该品牌方案主要以日本艺术为灵感，利用水渍和墨渍来表现茶叶混合物的复形和轻盈感。

同时，文字参考传统日文的阅读习惯，采用垂直的排版方式，以此平衡古典与现代的排版风格。

主要的标志符号象征着日本风铃，风铃会在初夏之时挂于家门之上或窗边。配色采用自然色调，红色的使用突出了细节设计，金箔的使用渲染出优雅之感，并显示出对每个产品的精心呵护。

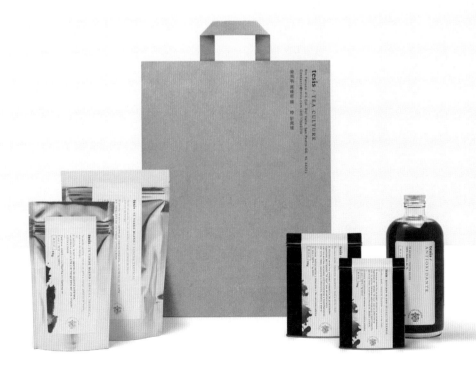

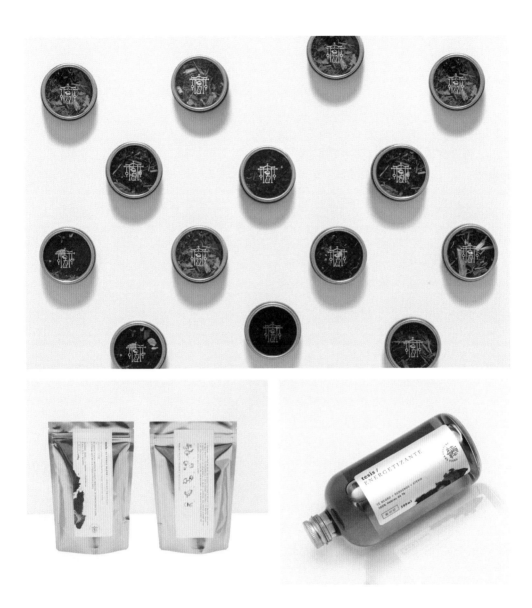

Lupchka 冰棒包装

一
客户
Lupchka

设计
Mantik Branding & Creative
Digital Agency

完成时间
2018

极简主义设计是将视觉信息进行均匀分布，把所有不必要的东西放在次要位置。为了在极简世界中增强辨识度，Mantik 设计公司经常通过色彩、纹理、构图等方式给顾客带来惊喜。

在该项目中，设计师的任务是为这个品牌命名，并确定其在市场上的定位。在斯洛文尼亚语中，"Lučka"的意思是"冰棒"，"Lupčka"的意思是"亲吻"，设计师将二者合一，组成了一个新的单词"Lupchka"，这个有趣的名字很明显就是一个冰棒品牌。设计师想要设计一个独特的、现代的品牌，利用各种彩色标签来反映包装内不同的口味。设计师在深色墨水中加入鲜艳的颜色，从而将该品牌与其竞争对手区分开来，也使得它更加符合成年消费者的品位。

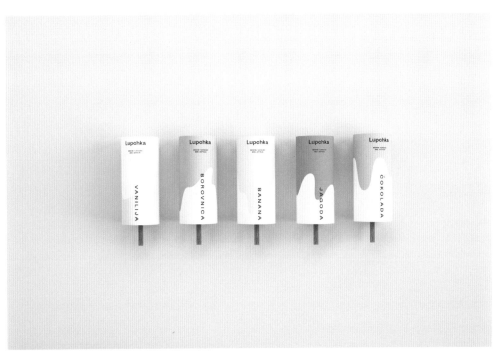

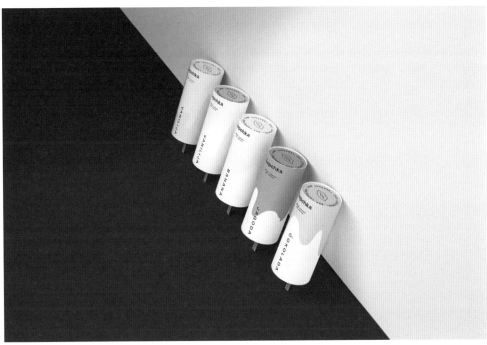

Blockchain 咖啡包装

一
客户
Blockchain Coffee

设计
Stefan Andries

完成时间
2018

极简风格的包装设计需要将品牌和包装融合在一起，使两者保持均衡的同时又能互为补充。

Blockchain 是一个将对咖啡的热情和加密货币的力量结合起来的在线咖啡商店。因为加密货币和咖啡是两样完全不同的东西，所以想要将它们结合起来比较困难。该品牌名称 Blockchain 有区块链（相互连接以显示正在生成的路径）的意思，在设计之初，设计师想要吸收与区块链相关的元素，并使这些元素看起来非常自然，像一个风格古老的符号或图案，而不是过于技术化。

包装的设计需要延续品牌的设计和风格，并使得加密货币与咖啡的对比更加明显。为此，设计师希望通过简洁的设计和创建图案来解决这个问题。包装袋的形状可以让人立刻认出这是一个咖啡袋，包装袋上的线条互相连接，好像区块链将所有的东西都串联在一起。包装袋的正面是白色的，侧面则是彩色的，以此产生对比，同时也使得正面的图案得以延续。

PART 4

几何图形

● ● ● ● ● ● ●

GEOMETRICS

极简主义几何图形是大胆的、棱角分明的和充满活力的。

几何图形可以补充和平衡其他元素，形成一个自然的页面布局
或对比焦点。无论是包装盒还是标签上的视觉图案，几何图形
都是极简包装设计中使用的最简单和最流行的图形元素。

Raw 饮料包装

一

客户
Raw

设计
Mustafa Akülker

完成时间
2018

Raw 是一家位于纽约市的排毒饮料公司。品牌的设计灵感来自大自然提供给我们的水果和蔬菜，因此他们希望体现出水果和蔬菜所带来的新鲜与活力。最终的色彩是仔细研究目标受众以及包装强度后选择的。

极简主义风格在这个项目中展现得淋漓尽致。设计师说："我想要体现的简约、我想要呈现的效果、品牌对我的期许，以及现代流行元素，统统体现在这个设计作品之中了。"这个为排毒饮料量身定做的包装设计在呈现现代感的同时，又让人觉得非常清爽。

Hokkaido 饼干包装

一
客户
North Farm Stock

设计
Masayuki Terashima

完成时间
2018

由于包装盒的尺寸很小，所以设计师将文本信息印在了侧面，而将正方形图案印在正面。北海道以雪闻名，设计师想要呈现出这种雪景的氛围，所以创造了一个闪闪发光的雪花图案，并加以烫印工艺。

爱琴海版画包装盒

一
客户
The Round Button

设计
The Round Button
(Alexandra Papadimouli)

完成时间
2016

该品牌旨在将极简主义风格和爱琴海的传统元素结合在一起，并将它们应用于各种纪念品和装饰品。这个特殊的包装是为小版画"墙上的爱琴海"纪念品系列而设计的。包装外形采用三角形，因为三角形是爱琴海传统建筑中常见的形状——岛民们用它来装饰外墙、内墙以及鹅卵石墙。

三角形是理想的形状选择，因为它能保证包装盒的稳定性。确定包装外形之后就需要设计模切图，并找到合适的方法避免使用胶水或胶带进行黏合。这一点非常重要，因为产品要分销给零售商，因此该包装必须能让任何人都可以快速组装。

设计师选择了 400 克每平方米的白色和深灰色的美纹纸，从而使盒子能够优雅地伫立。颜色的选择与产品的整体理念和谐统一，因为爱琴海给人的印象就是明亮的白光和深灰色的鹅卵石。

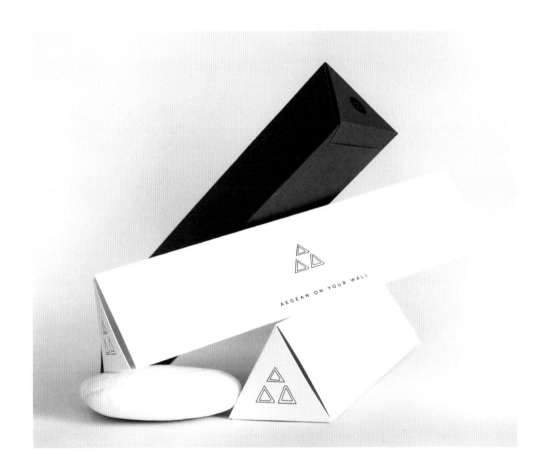

AEGEAN ON YOUR WALL

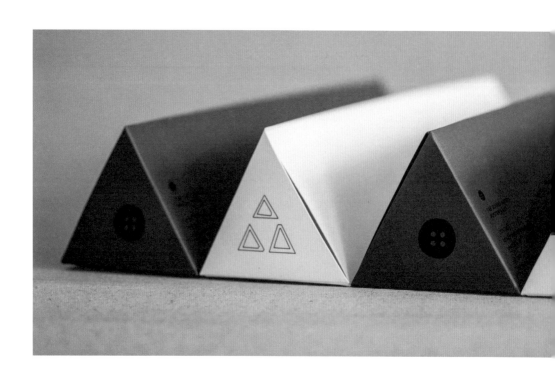

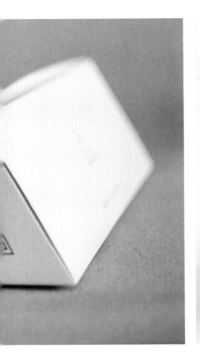

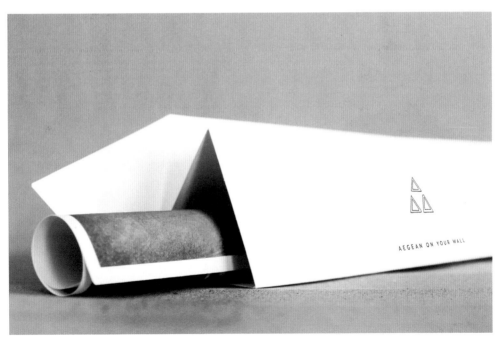

AEGEAN ON YOUR WALL

Rocky Mtn Chocolate
巧克力包装

—
客户
Rocky Mtn Chocolate

设计
Wedge & Lever

完成时间
2017

为了对该巧克力品牌进行品牌重塑与战略定位，设计师完全改变了原有的包装。主要包装分别是针对盒装巧克力和巧克力棒而设计的。盒装巧克力的包装以极简主义为核心原则，将礼盒装点成理想的宴会礼物。巧克力棒的包装融合了极简主义的线条设计，配以鲜艳的色彩，给人一种更为年轻的美感，更符合巧克力棒自我放纵的一面。完美的品牌定位和大小尺寸，适度的压凹和烫印工艺以及柔软舒适的触感等细节设计才是成功的关键。

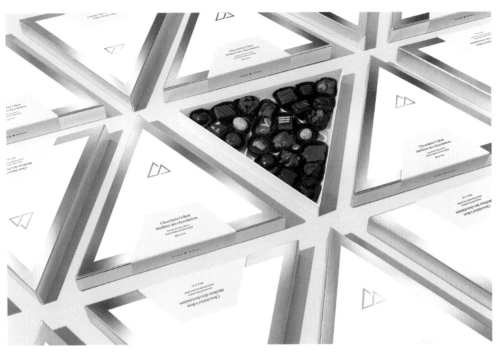

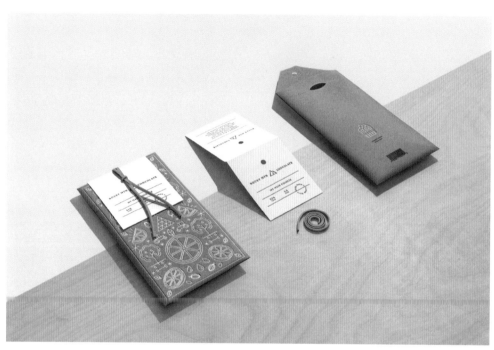

Buketo 葡萄酒包装

一

客户
Cava Spiliadis

设计
Lazy Snail

完成时间
2017

Buketo 葡萄酒是以希腊语"花束"一词命名的，而葡萄的采摘方式也如同采摘花朵一样。针对年轻、有活力和思想开放的葡萄酒消费者，客户要求设计一款引人注目、现代而又时尚的瓶标，可以让其产品成为一个令人印象深刻的礼物或收藏品。因此，设计师采用了一系列和谐的元素，包括线性几何图案、锐边色块和完美的圆形。如果将装有白葡萄酒和红葡萄酒的两个酒瓶放在一起的话，它们会形成一个更大的图案组合。最终呈现的设计效果精致而简约，在吸引目标客户群体的同时，也彰显着 Buketo 葡萄酒的品质与口感。

品牌标识的设计也融合了几何图案和极简主义风格，以花束概念为基础，并以一种更具文字性的形式呈现出来。该标识中的花束共有三朵花，象征着葡萄酒的芳香，以及用于制造该系列中每一款葡萄酒的三个葡萄品种。

伏特加包装

一

客户
Campus Warsaw

设计
Redkroft

完成时间
2017

那时候，与其他欧洲分校一样，华沙学院并没有品牌手册，也没有任何固定的视觉指南。学校想要创作一款独特的礼物，以便在特殊的场合赠送给他人。校园所在的位置有一个古老的、传奇的伏特加酿酒厂，因此他们决定将伏特加作为礼物。确定下礼物之后，接下来要考虑的就是美学的问题了。

为了增加其附加值，设计师选择了触感较好的纸，并配以丝网印刷的图形。图形采用了浮雕工艺，让人们得以用指尖去感受它的纹理。虽然实行起来很困难，但设计师们一致同意采用 100% 手工制作和组装。这个精心制作的过程和细节上的考究如果能被人们感受到的话，会让产品变得更加特别。

舒适的颜色搭配，会让人在触摸包装时感觉到些许温暖。瓶颈采用手工蜡封的确比较困难，但在整个过程中这只是一个小小的不便。为了增加一些细节上的设计，设计师用丝网印刷的半透明纸来包裹瓶颈。

在该项目中使用极简设计的目的是从实用主义角度考虑的，而不是从艺术设计角度。设计的作用是创造一个独特的产品，使之与其他品牌区分开来。货架上摆满了五颜六色的瓶子，最显眼的可能是黑白相间的瓶子。然而，黑白配色体现的并不是极简主义，而是差异化。在极简设计中，彩色的设计反而能吸引人们的注意力，这就是为什么该项目设计师在分析了其他包装风格后，做出了完全相反的设计的原因。

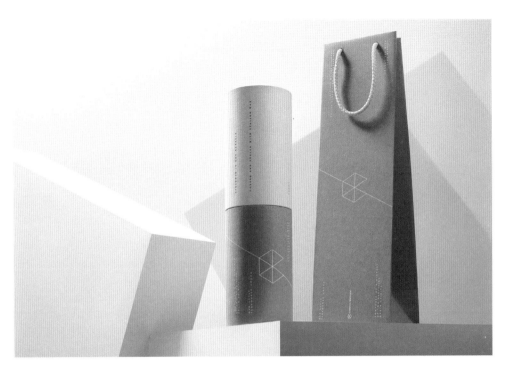

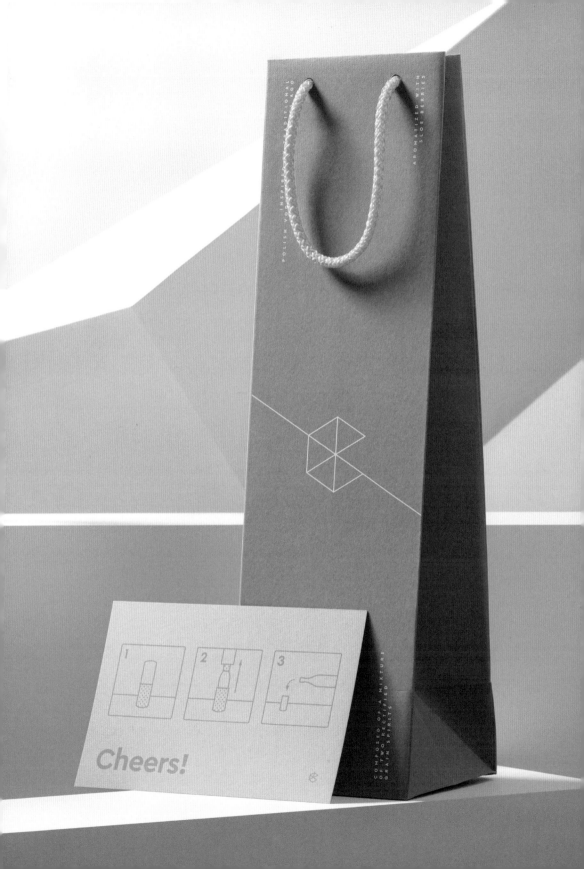

Cheers!

RYGR 啤酒包装

一
客户
Norske Bryggerier

设计
Frank Kommunikasjon

完成时间
2018

RYGR Brygghús 是一家新的当地啤酒厂。RYGR 是挪威西部地区罗加兰的挪威语原名，当地居民被称为 RYGENE，因为他们种植黑麦（rye）。罗加兰以北欧海盗历史而闻名，特别是在 872 年，哈伏斯峡湾发生的最终促成了挪威统一的著名海战。

在为啤酒厂和其不同种类的啤酒寻找独特的可识别的设计元素时，设计师们希望把设计理念建立在北欧海盗传奇、精湛的工艺技术和丰富的贸易文化之上——远航到遥远的文明之地。设计师以盾牌为主要设计元素，创造出了一个具有无限可能性的品牌系统，可适用于任何类型的啤酒。采用不同的图案和颜色搭配组合，可以使众多不同系列的啤酒之间具有明显的差异。

这些产品都是以北欧海盗时期的地区命名的。Hafr 是哈伏斯峡湾，Jædr 是亚伦，Haugr 是位于挪威西海岸的海于格松镇。品牌标识是基于北欧海盗的斩斧设计而成的，寓意着专注于啤酒制作工艺。

The Changer
果汁包装

一
客户
The Changer

设计
makebardo

完成时间
2017

品牌名称"The Changer"是基于产品特点所产生的文字描述。这种果汁的特点是改变了水果原有的味道，将其提升到另一个层次。

设计师创作的前提是产品的背后必须有一个主角，这也是该项目面临的最大挑战，就是如何将消费者作为品牌历史的重要组成部分。

设计师认为该产品需要有一个响亮的名字，具有较强的可读性、可写性的同时，又具备短小精悍、耐人寻味的特点。除此之外，还要符合品牌价值，即市场领导者、优质品牌、独特、真实、可靠等。

对于这个概念，设计师有两个想法：一个是变化即进化，另一个是破坏即拥有。破坏性概念的提出是为了以一种有意义的方式来优化客户的体验，以此提升品牌价值。破坏性的设计理念以一种难忘的、带有情感的方式表达了独特的品牌个性，从而削弱品牌的商品化特性。商品化无法促使消费者与品牌之间产生情感联系，但这种独特性可以。

在视觉标志上，设计师采用了"撕纸"的方式，鼓励大家撕去包装，发现新的、宝贵的东西。为了强调这个概念，设计师们使用了铜箔，最终呈现出了独特的图形设计。

带有纹理的纸配上能产生奇妙触感的铜箔，以及压纹涂层，反映出了与众不同、冲击力强、制作精良的品牌特征。

Farac-Terzić 葡萄酒包装

一

客户
Farac-Terzić Winery

设计
Maji Studio

完成时间
2018

葡萄酒的标签通常都是大同小异的——一些插图配上一些金色的文字。该包装展示了如何通过标签的形状与简单的印刷之间的交织呈现出与众不同的效果。

标识和标签的设计灵感来自干墙结构，这种结构在前南斯拉夫达尔马提亚地区非常常见，尤其是在科尔丘拉岛——作为葡萄酒的产地，这个地区种植的葡萄品种非常罕见。

该设计与经典葡萄酒的标签不同，只有两个主要设计元素：一是一张厚实的纸，其纹理会令人想起喀斯特地貌，而这种葡萄就生长在那样的环境中；二是每个标签的形状均是根据葡萄酒名字的首字母而设计的。这也为未来可能增加的新品种提供了一个设计参考。

PART 5

透 明

∘ ∘ ∘ ∘ ∘ ∘ ∘

TRANSPARENT

先看，后吃！

人们喜欢看到自己在买的是什么东西。产品不仅需要有竞争力的内容，还需要有抓人眼球的包装设计。透明区域是负空间，产品的颜色则是背景。因此，简化容器上的标签设计是很重要的，这样能使可见区域更大，让消费者能够关注产品。

没有花哨的营销方式，透明的极简包装更为真实、纯粹。

Zore Zalo 烈酒包装

一

客户

Zore Zalo P.C.

设计

busybuilding

完成时间

2016

Zore Zalo 是希腊烈酒 Cretan Tsikoudia 的一个全新品牌，是一款类似于意大利格拉巴酒的渣酿白兰地。设计师希望包装能反映产品纯粹、浓缩的特性，并凸显产品的优质特性。

客户的目标是将这种传统的本地饮品销售到世界各地的高档酒吧，使其可以与著名的格拉巴酒齐名，并像其他渣酿白兰地一样在鸡尾酒中使用。Zore Zalo 这个名字在克里特岛方言中有"艰难的步伐"的意思，同时也用来表示眩晕的状态，就像喝酒后醉醺醺、摇摇晃晃的样子。为此，设计师采用了一个非常传统的名称，并配以国际化的形象设计。极富张力的简单线条和低调的外观设计，使该包装成功地展现了饮品的优质特性，并使其在酒吧货架上脱颖而出，跻身于知名烈酒的行列。

在容器方面，设计师选择了一个完全透明的玻璃瓶和一个简约的黑色酒盖，其触感非常舒适。酒瓶上令人兴奋的爆炸式字母造型呼应着人们品尝这种烈酒时所体验到的口感，也可以被解释为涌动的情绪以及无以言表的味觉体验。在这里，文字仅仅是一种视觉元素而已。

蔬菜汤包装

一
客户
Okamoto Farm

设计
Masayuki Terashima

完成时间
2013

该产品本身的颜色非常漂亮，所以设计师想把产品的颜色作为主要视觉设计元素。设计师想要利用一些符号让消费者了解包装内的产品，所以制作了简单的蔬菜图标，并印在透明袋子上。白色的图标给人一种干净、纯粹的感觉，不包含任何不必要的东西。设计师在包装顶部使用了一个黑色的标签，从而使产品的颜色更为突出。

农产品包装

一

客户
North Farm Stock

设计
Masayuki Terashima

完成时间
2017

该产品系列的每种材料都很漂亮，所以设计师考虑尽可能多地展示其中的产品内容。由于市场上有很多类似的产品，因此设计师想创造出一个能区别于其他产品的图标，于是想到了日元上看起来像眼睛的图案。图标没有直接印在瓶子上，而是印在瓶子外增加的透明的薄膜密封纸上。

PONZU 柚子醋包装

—
客户
Brasserie Cercles

设计
Masayuki Terashima

完成时间
2017

PONZU 是一种柚子醋，常在札幌餐厅的日式涮锅中使用。由于 "Pon" 这个词比较有趣且容易被记住，因此设计师将它作为主要设计元素。因为柚子醋是日本的调味品，所以它的包装通常是日式设计风格。然而，本案设计师使用了一种休闲的法式小酒馆风格，加上字母的设计，使其脱颖而出。由于该包装是小批量生产，所以文字被印在了透明薄膜上，而不是直接印在瓶子上。

Riley 功能饮料包装

—

客户

Riley & Riley Ltd.

设计

Panos Tsakiris

完成时间

2017

该品牌推出了一款能防止宿醉的饮品，它含有多种维生素、能分解毒素的氨基酸、咖啡因以及一种秘密成分。

该包装的字体和图形的设计灵感来自酒精对大脑和视力的影响。产品名称是 20/20，这两个 20 被分别印在瓶子的正面和背面。消费者喝得越多，标识就会越清晰，完全喝完时，标识就会完整地显现出来，这意味着此时消费者已经吸收了所有必需的成分了。

为了避免第二天的宿醉，最应该做的事就是补水，这就是为什么把 20/20 这个标识印在瓶子下方，而不是中间或上方的原因。为了补充水分，使用者要"被迫"喝下饮料。此外，瓶子是由可回收材料制作而成，这种材料比普通的塑料更薄，以防止有人喝醉闹事时，将其作为工具。

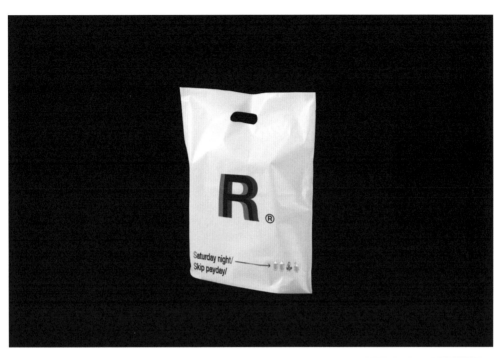

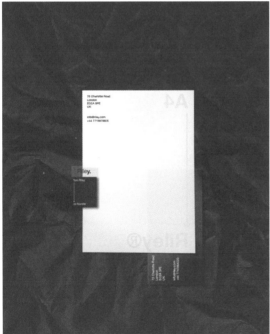

Maka 饮用水包装

—

客户
Maka

设计
Anagrama

完成时间
2017

Muku 是一家以用水销售公司，一个纯正的墨西哥品牌。作为一个重视环保和公益的品牌，他们只使用可生物降解的材料来制作水瓶，并且赞助墨西哥当地的纳瓦族聚居区。

该项目的目的是创造一个清晰的标识来反映 Maka 品牌的墨西哥传统，并有效地传播他们的生态理念。因此，设计师创作了一个干净而又独特的标识，使 Maka 成为一个辨识度高的品牌。

图案的设计以卡洛斯·梅里达的艺术作品为灵感来源，而在图标部分则创建了一个 tzinitzcan 的抽象形象——tzinitzcan 是墨西哥最美丽的鸟类之一。水瓶的设计展示了平衡度和透明度，它更像是一块白色画布，呈现着不同的艺术品，却没有改变其原本的视觉之美。

PART 6

精　致

● ○ ● ● ● ○ ●

SOPHISTICATE

极简包装是一种极致的精致。

由于其较少的元素、较少的色彩、有机或简单的几何形状以及
较大的负空间，极简包装能够最大限度地呈现出优雅和独特的
视觉效果。

女性办公文具包装

一
客户

Public Service Association
of New Zealand

设计

Regan Grafton（执行创意总监）
Anne Boothroyd（创意总监）
Sam Henderson（创意设计师）
Kent Briggs（创意设计师）
Danny Carlsen（设计总监）
Luke Harvey（摄影师）
Jamie Wright（修图师）

完成时间

2018

在新西兰，虽然是做同样的工作，女性的平均收入却比男性低 10%。为了解决男女之间收入差距的问题，设计师们想出了一个"萧瑟"的办法——为女性设计一款办公文具：一个拥有 13 个小时时长的时钟和 13 个月日期的日记，以此来帮助女性延长工作时间，这样她们的收入就能和男性的收入一样多了。如果你感到生气了，那很好！因为女性本就不应该为了获得和男性一样的收入而加班加点。这款女性办公文具呼吁每位认为男女同工同酬是一项基本人权的人士，多多支持"Worth 100"运动。

该包装需要具有诱惑性，并能够引起好奇心，促使人们打开它一探究竟。在配色上，设计师选择了白色、铜色以及具有讽刺意味的浅粉色，以呼应那些关于女性特质、男女收入差距的陈旧观念。它是一种具有挑衅性的性别强化色彩，以此来凸显人们的刻板印象（不仅是色彩上的，更是收入上的）。

13 MONTH DIARY
for women

WOMEN SHOULDN'T HAVE
TO WORK AN EXTRA MONTH
TO EARN THE SAME AS A MAN

diary

OFFICE STATIONERY
for women

clock

OFFICE STATIONERY
for women

12 13 1
11 2
10 3
WORTH
100%
9 4
8 5
7 6

13 MONTH DIARY
for women

WOMEN SHOULDN'T HAVE
TO WORK AN EXTRA MONTH
TO EARN THE SAME AS A MAN

diary

OFFICE STATIONERY
for women

clock

OFFICE STATIONERY
for women

Eskay 护肤品包装

—

客户
Eskay Skincare

设计
Caterina Bianchini Studio

完成时间
2017

Eskay 是一个纯天然、有机的自制护肤品品牌，其公司总部位于斯德哥尔摩市，是由一个纯素食主义家庭创建的。对该公司来说，最重要的事情是让客户了解产品中使用的所有成分。

精心设计的品牌标识配有精致的图形。宽间距的字符设计创造出极简而又现代的感觉，打造出一种朦胧的字体效果。为了延续"新鲜与手工"的品牌主题，为品牌创造全新的字体标识是必不可少的。设计师将标识字母设计成厚度略宽于高度的样式，形成了一种更为现代的字体形态。

设计师故意将字母"S"和"K"标引出来，以说明品牌"Eskay"的意思："Eskay"是 Saqera Kokayi（Eskay 的创始人）的姓和名首字母的发音。为创始人 Saqera 与产品之间建立关联性是非常必要的，因为该公司就是以创始人在自家厨房制造出的产品而起家的。该品牌的所有产品中的成分都是经过手工挑选的，并且从当地采购，以保证新鲜度和有机性。这一理念也使得所有产品多了一丝人情味！

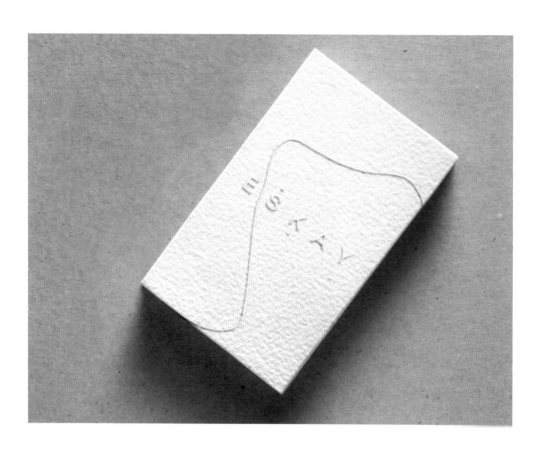

Verk 手表包装

一

客户
Verk

设计
Studio Ahremark

完成时间
2017

Verk 是一家瑞典手表制造商。Verk 在瑞典语中有"工艺品"和"钟表"的意思，Verk 公司采用简约的制表艺术，为现代男女量身定做出兼具功能性和视觉美感的现代手表。

该品牌需要一个富有张力的视觉标识和优雅的品牌包装，使 Verk 在众多手表品牌当中能够脱颖而出，为消费者提供一种奢华体验。最终的设计采用了一个简单而大胆的视觉系统，基于清晰的轮廓和全灰配色，并配以锋利的 Proxima Nova Alt 字体。

在整个设计过程中，Verk 品牌给出了明确的设计概要和设计意图，其中最具挑战性的是将品牌的整体外观和感觉尽量贴合斯堪的纳维亚的传统设计，不论是以前还是现在，斯堪的纳维亚的传统设计一直都是以极简主义和功能主义的理念为基础的。

删繁就简的设计可以使品牌理念的传播更加清晰，而且常常可以将成本浪费降至最少。该项目的设计方案也是基于这样的理念：产品应当是设计的核心，包装不应该为了吸引注意力而与产品的理念产生矛盾，相反，它们应该融合在一起，就像是同一物体的两个部分一样。于是，包装化身成画布，手表化身成油画。设计师采用烫金工艺的原因是它有助于吸引消费者眼球，避免掺杂任何人工颜料，同时也避免使用与手表上已有色彩相近的颜色。该项目的目标是使设计与产品相辅相成，而不是与其相竞争。

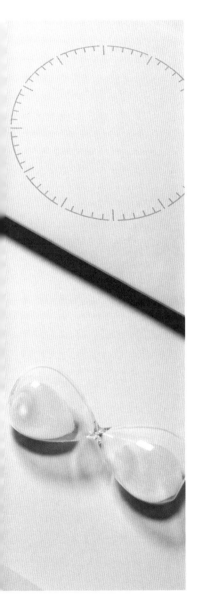

好的设计是在充分理解一个品牌及其受众之后所得的果实。单纯靠极简主义这一配方并不能完成好的设计，但删繁就简的设计理念可以减少不必要的视觉元素，直达产品本质，从而发掘出目标受众真正想要的东西，从而吸引他们的注意力。此外，选择特殊的包装材料也是一个非常好的设计方法，因为它与烫金工艺会产生一些独特的触感并吸引消费者的注意。

Masyome 糙米垫包装

—
客户
J-Frontier Vestments Co.,
ltd.

设计
6Sense. Inc (Keiko
Akatsuka)

完成时间
2018

对于某些产品来说，采用极简包装来塑造一个干净的形象会使其显得更为突出。当设计师第一次看到这个糙米垫时，他的脑海中就呈现出了一个带有抽屉的小盒子。有的人也许会把这个产品当作非常漂亮的装饰品来使用，想要用一个大的包装来保护它。此外，这个产品可以看作是给身体的礼物，所以设计师用丝带表达了这一观点，令人印象深刻。设计一个盒子最困难的事情就是包装材料的选择。因为这个产品本身有点重，所以保持盒子耐用、美观显得格外重要，而极简主义设计对于盒子的美观来说是最为重要的。

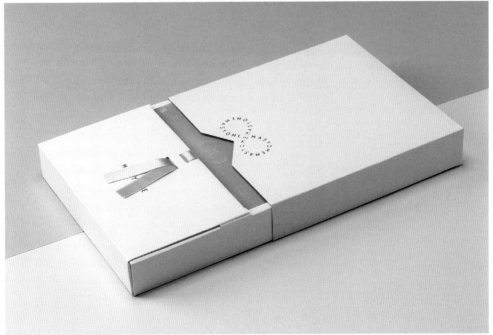

Gli Affinati 巧克力包装

—
客户
Sabadì

设计
Happycentro

完成时间
2018

从一开始，Sabadì 就通过大自然为巧克力赋予了一种独特的香气。由于可可的脂肪成分，它能自发地吸收周围的芳香物质，并随着时间的推移保留住它们。该款限量版的巧克力包含了 7 种香味元素：烟草、茶、花、香草、香料、松香和酒桶散发的味道。

"少即是多"完美地体现在了设计师为这款新产品所创作的光滑而又优雅的包装之中，包括一系列卡片、一个小巧的锡盒和简单的标签。卡片上印有植物插图，标签上用来描述产品的文字采用了铜箔印刷，而在留白处则以手写的形式标注着这款巧克力的特殊味道。

De Vry Distillery
烈酒包装

—
客户
De Vry Distillery

设计
Whitespace Creative

完成时间
2016

该酿酒厂以三个概念为品牌核心：对工艺的热情、对国家的热爱以及在口味和生产方面的自由表达。客户要求设计师将这些概念体现在品牌设计上，并清楚地传达出去。

极简包装设计一直是一个循环往复的趋势，但该设计不是随波逐流，而是遵循永恒的设计原则——最突出的白色空间。然而，这不仅指的是设计中的文字空白空间，也包括设计中设计师经过深思熟虑而删除的东西，从而使设计看起来虽然简约，但也体现出了对最重要信息所进行的复杂思考。

该客户是一个南非的布尔人创办的酿酒厂，制作的是一系列英国、荷兰及波兰的烈酒。由于烈酒的起源和布尔人文化之间的差异，情况变得极不寻常且充满讽刺。该项目的设计想法是试图创造一个新的视角来看待这些烈酒，使这些烈酒完全不像典型的非洲烈酒。

这些产品的名字使用的是布尔语，却故意拼写错误，从而给人一种幽默的感觉。

No7 酱汁包装

—
客户
Burger No7

设计
Caka Workshop

完成时间
2018

该包装本身就已经突出它想要说明的主要问题了。对于设计师来说，最自然、最简单的设计要点是捕捉能够正确表达信息的图像。在这个项目中，最困难的事情是客户的不断施压，以及设计团队想要在短时间内创作出一款使 No7 酱汁看起来与众不同的包装的愿望。

设计师的创作灵感源自某一瞬间发生的一件小事——一位同事不小心将蛋黄酱滴在了黑色衬衫上，由此完成了所有的设计工作。

BURGER
№7

GARLIC
MAYONNAISE

BURGER
№7

MAYONNAISE

BURGER
№7

RANCH

BURGER
№7

NO7 SAUCE

BURGER
№7

HONEY
MUSTARD

BURGER
№7

HOT SAUCE

BURGER
№7

KETCHUP

BURGER
№7

BARBEQUE

Surfing the sky
咨询公司包装

—
客户
Surfing the sky

设计
Shift

完成时间
2016

Surfing the sky 是一家新型咨询公司，专注于传播策略，旨在将数据进行长期保存。

作为品牌更新的一部分，这个干净、现代的形象设计包括一个全新的品牌标识，一个展现了公司的名称和一个冲浪者的标志。白色和蓝色的大胆结合，配以明亮的红色，传达了品牌轻松、鲜活、前沿的思维态度，而衬线字体的使用和有序的版式布局是为了体现出公司咨询方案背后科学的计算分析。

每个项目的解决方案中都包含了对客户公司的分析、得出的结果和相关数据。数据存储在一个药丸形状的小U盘里，药丸形状暗示着该公司的科学背景，并象征着公司如同医师一般的身份。

Ernesto Hermosillo
Sepúlveda

dirección.
Lázaro Cárdenas 1007,
Torre IBS #212
Residencial Santa Bárbara
San Pedro Garza García, N.L.

teléfono.
(81) 12 53 76 38

mail.
contacto@surfingthesky.com

surfingthesky.com

¿que hacemos?

Una empresa dedicada a
consultoría innovadora.

Desarrollamos nuestra
metodología Surfing the Sky,
la cuál integra un sistema de
filtrado de información para
llegar al mensaje óptimo y
transmitirlo de la manera
más efectiva con retención a
largo plazo.

contenido.
usb, playera promocional
brochure.

talla.
s   m   (l)   xl

dirección.
Lázaro Cárdenas 1007,
Torre IBS #212
Residencial Santa Bárbara
San Pedro Garza García, N.L.

teléfono.
(81) 12 53 76 38

surfingthesky.com

The Line 咨询公司包装

一

客户

The Line (Marie Bottin)

设计

Fagerström

完成时间

2017

The Line 是一家创意咨询公司，帮助高端品牌和著侈品品牌开发视觉项目。除此之外，它还为个人和公司提供艺术品购买和艺术品经纪服务。

在一个信息、图片、声音等过度饱和的世界里，减少一些元素反而会获得更多的关注。该项目的挑战之处在于，客户对设计和艺术方面非常了解，所以在这方面非常苛刻。经过与客户的反复商讨及广泛调研，设计师将自己置身于艺术品买家和策展人的世界之中，从而了解品牌如何在这个环境中立足生存，以及他们之间是如何沟通的。

这个品牌的设计灵感来自艺术与公司之间的关系，因为艺术存在于他们所承接的大多数项目之中。视觉形象的设计试图探索直线与空间和体积之间的构成关系。

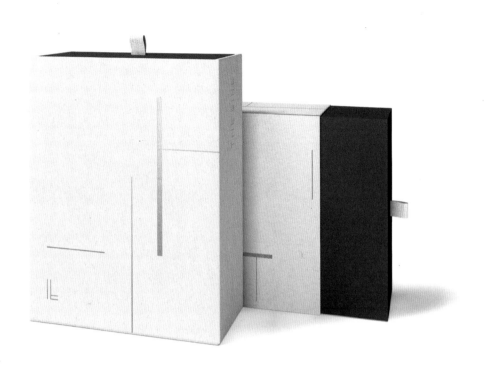

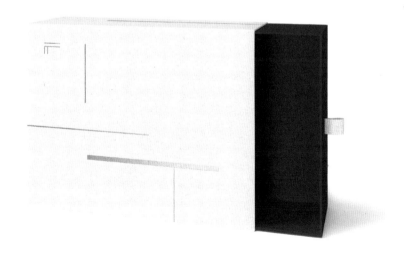

gigo 葡萄酒包装

—
客户
Sociedade Agrícola Casal
de Ventozela

设计
Gen Design Studio

完成时间
2018

该项目是为一个来自杜罗河的大胆而现代的葡萄酒品牌设计一个标识和瓶标。杜罗河是位于葡萄牙东北部的葡萄酒产区。

从一开始，设计师就认为将瓶标和葡萄酒的名字联系起来是很重要的。gigo 是在杜罗河用来采摘葡萄的传统的篮子。葡萄被放在篮子里带到酒坊，制成葡萄酒。为了体现篮子的形状，标签被设计成带有篮子本身所具有的编织纹理。

设计师探索形式和内容之间的关系，旨在强调篮子的功能性，并将其功能性延伸到酒瓶上。将编织图案作为标签设计的基础，模切线和透明铝箔的使用进一步增强了标签的交织纹理，提高了产品的品质。两个不同写法的字母"g"为文字标识提供了一个独特而难忘的特征，而宽大的Grotesk 字体使得文字更为醒目。

牛奶利口酒包装

一

客户
OK DEsign

设计
Kashkovskaya Oksana

完成时间
2018

这个项目的独特之处在于包装两侧是截然不同的设计，这种效果是由一大一小两个透明玻璃瓶套在一起而产生的错觉，里面的小瓶有装饰性的黑色图案。

该项目的主要挑战是只利用产品名称和两个简单颜色的搭配，创造出一个有趣的设计包装，旨在通过不同的设计角度显示一些新奇的内容。

乍一看，它像牛奶产品的包装。但是没有那么简单！其实这是牛奶利口酒的包装。一个包装，两个侧面，两种设计。黑色或白色，你会选择什么呢？刚开始，设计师想把瓶子的外形设计得简单些，但后来决定创作一个更为柔和、独特的瓶子。包装的主要图形元素源自奶牛身上的斑点。瓶子上的标签使用的是天然纸，并显示了包装的容量和酒精含量，简约的设计为牛奶产品留以想象空间。

外包装采用中等厚度的天然纸，没有加涂层，亚光表面显示了该包装的自然特性。瓶盖是用木材和银铁合金制成的。

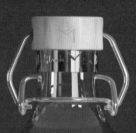

Enrejado 烈酒包装

—
客户
Enrejado

设计
F33

完成时间
2017

该项目的困难之处在于设计师必须围绕已有的品牌名称进行包装设计。因此，设计师产生了一个乌鸦被捕的想法，因为既定的品牌名称不可避免地桎梏了设计师的创意。同时，乌鸦似乎暗含深夜和野性之意，正如同杜松子酒本身的烈性。整体设计给人一种乌鸦即将被释放出来，打开瓶子，饮下烈酒的感觉。设计师为瓶子及其外面的网状材料选用相同的颜色，让它们可以相互融合，同时产生的纹理也不会影响瓶身上的图案。

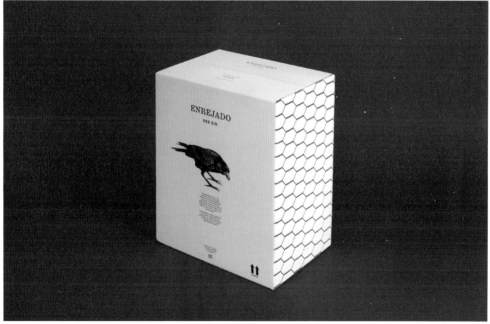

PART 7

醒 目

• • • • • • • • •

BOLDER

选择一个单一的元素（图像、照片、标识、字体），并使其更
为醒目，让它脱颖而出。这个突出的元素应该提供给消费者一
个有意义的焦点，它可以是品牌的标识，也可以是产品名称、
尺寸或类型。突出的方式可以是更大的尺寸、更强的对比度或
更高的层次结构。

GET RAW 零食包装

—

客户

GET RAW AB

设计

SNASK (Matej Špánik)

完成时间

2017

该项目的设计方案是摒弃过度复杂的包装与不必要的元素，如产品成分的照片，甚至是产品本身的照片。该包装的设计概念与"非垃圾食品"的产品理念不谋而合——产品中没有多余的成分，设计中也没有多余的元素。在整个设计过程中，SNASK 想要将品牌生活化，使其融入社交媒体，让人喜爱并愿意分享它。

设计师希望为品牌注入一种原生态的感觉，所以选择了手写的形式。动态的活力与积极健康的生活方式完美搭配、相得益彰。在整个品牌设计的过程中，设计师以同样的方式将涂鸦作为一个品牌元素来传达重要的信息，同时也增添了趣味性。为了让涂鸦给人以舒适的感觉，设计师花费了很长时间才找到合适的笔刷，但最大的困难是要使用一台产于 1984 年的老式扫描仪进行制作（因为现代的扫描仪无法达到他们想要的效果）。但塞翁失马，焉知非福，或许正是因为如此才成就了这个品牌设计！

玉米巧克力包装

一

客户
Sapporo Grand Hotel

设计
Masayuki Terashima

完成时间
2016

因为这是一款白巧克力包裹着玉米的产品，所以在包装上，设计师采用了白巧克力逐渐覆盖在玉米两侧的视觉设计。这样的设计会让顾客觉得玉米会被白色液体淹没，陷入巧克力之中。

玉米的黄色在简洁的白色盒子上脱颖而出，干净的字体和尺寸适当的矩形盒子进一步体现了包装的简约性，从而最大限度地让产品为自己代言。

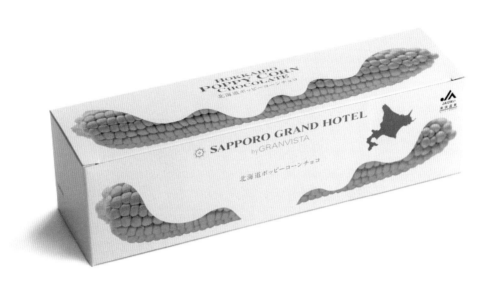

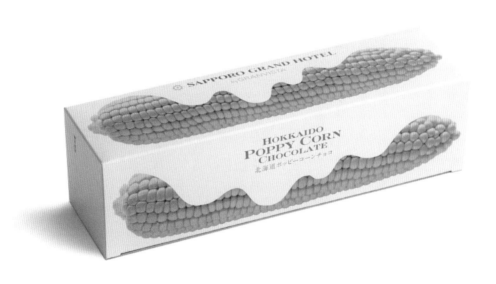

ΦΩΣ 蜡烛包装

—
客户
La Petite Jumelle

设计
Semiotik

完成时间
2017

该项目要求为委托方设计一款礼物，在节日时赠送给他们的客户。这个设计方案必须有独创性、有品位，能够体现出节日气氛，同时还要突出委托方的商业活动。该提案是基于光的概念，以及著名希腊作家尼可斯·卡赞扎基斯（Nikos Kazantzakis）的语录——"启蒙的真正意义是用明亮的眼睛注视着所有的黑暗。"

设计师创作了一支黑色的、未点燃的香薰蜡烛，象征着黑暗，而当它被点燃时就会"驱散黑暗"。蜡烛本身以及所选择的香味都带有圣诞节的氛围。

礼物设计的象征意义以及它所传达的信息，使其脱颖而出，而极简图形和其他元素的使用更是加强了设计效果。蜡烛被放在一个特制的盒子里，突出包装盒的设计也是客户要求的一部分，因为盒子是由客户自己制造的，这是展示他们生产能力的机会。因此，设计师采用了铝箔印刷工艺，为极简主义的设计增加质感。设计师认为有效地进行删繁就简，会营造出"少即是多"的突出效果。

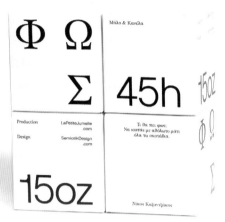

Μήλο & Κανέλα

Production

Design

LaPetiteJumelle
.com

SemiotikDesign
.com

45h

15oz

JRINK 果汁包装

一
客户
JRINK Juicery

设计
Design Army

完成时间
2016

包装的首要作用是服务于它所包裹的物品，而极简包装是对物品的功能性与创新性的提升。极简包装常常表现为负空间、单一色彩方案和约束性设计，其最终目标是展现清晰的、真诚的设计。我们的世界经常被各种花哨伎俩所充斥着，而极简设计可以吸引消费者的注意力，并激发他们的想象力。恰当的极简设计可以营造一种令人难以捉摸的简约之感，让人感觉既纯粹又永恒。

JRINK 希望重塑品牌，并找到减少包装成本的方法。他们考虑用塑料瓶代替玻璃瓶，从而节省资金用于业务拓展。随着众多新口味产品进入市场，随之而来的问题是该公司要如何保证物流速度、简化加工制作流程，同时又保持品牌一致性。

JRINK 专注于生产高质量的冷榨果汁，生产原料均为 100% 新鲜的当地水果，并配有完善的清洗消毒系统。设计师认为品牌重塑需要体现该品牌的健康产品以及具有社会意识的品牌观念，因此选择了白色作为包装的底色，去掉瓶标上杂乱无章的产品信息，并且重新设计了品牌标识，让果汁的颜色完全呈现在顾客眼前。

除此之外，因为该品牌增加了新的送货服务，所以设计师修改了包装盒和包装胶带的设计，并在包装上添加了一些有趣的语句，如"我有严重的酗酒问题""摇一摇，碰个杯，一口闷"，以此反映出幽默的品牌个性。

最后，设计师建议仍然使用可回收的玻璃瓶，并将口味信息印在瓶盖上，从而避免制作 15 个不同的产品信息标签，大大降低了生产成本！产品通过展示充满活力的鲜艳果汁和醒目的品牌标识，提高了品牌知名度，同时也展现了一种更成熟、更干净的外观。该设计中的每一个细节都在社交网站上引发了热议。

Befresh 果汁包装

—
设计
Erik Musin

完成时间
2017

想要使事情变得复杂是很容易的，但要使事情变得简单是一项艰难的任务。Befresh 果汁想要在商店货架上脱颖而出，因此设计师试图使设计尽可能的简约，从而让顾客可以通过简单的图案和数字就了解产品的所有信息。包装上的每一个数字都代表着不同的水果或蔬菜混合汁类型。瓶子上的黑色瓶盖是品牌标识设计的一部分。五颜六色的果汁本身就可以为自己代言，所以没必要把它们藏在一个过度设计的包装之中。

Elsenwenger 木屑包装

一

客户
Tischlerei Elsenwenger

设计
Studio Riebenbauer

完成时间
2015

客户 Elsenwenger 是一个木匠，他的专业、职业、对材料的热爱以及对细节的关注都体现在该产品的设计之中了。

为了让顾客了解所有木材的特性，不同类型、不同规格的木屑被装在一系列瓶子里。这样，客户不仅可以根据木屑的外观来选择家具，还可以根据其气味来选择。包装盒上有粉笔书写样式，这是木匠用来标记木材类型和尺寸的方式，以此显示品牌的个性化。

此外，该产品都是直接邮寄的，即便没有身处 Elsenwenger 的工作室，顾客也可以通过设计的方方面面了解品牌。

Mathias Dahlgren
厨具包装

—
客户
Grand Hotel Stockholm,
Dafra & Mathias Dahlgren

设计
Essen International

完成时间
2016

零售业的环境总是忙碌而嘈杂的，而简约的设计往往能够脱颖而出，并与周遭的环境形成强烈对比。包装最重要的功能之一就是展示产品信息，专注于产品信息是极简设计中的一个关键步骤。设计师认为包装上最重要的信息是产品名称，除此之外，还有产品的尺寸。这就是为什么设计师把产品名称和尺寸放在包装盒的四个长侧面，而其余的信息放在两个短侧面的原因。极简设计的外观通常象征着品牌质量，就如同苹果公司的包装一样。此外，在印刷工艺和细节方面，设计师选用了非常淡雅的银灰色。

设计师们通过了解 Mathias 开启了创造性的设计探索之旅。Mathias 是瑞典最著名、最杰出的厨师之一，因此他的烹饪哲学对设计师来说是一个巨大的灵感库——围绕着天然成分，简单而快乐。设计师希望通过简单的形状、黑白配色和字体设计，来将他的烹饪哲学转化到平面设计之中。此外，作为一个斯堪的纳维亚的设计机构，Essen International 不断地从斯堪的纳维亚的简约主义和功能主义中获得灵感与启发。通过将产品表面可视化，呈现出一个简约、清晰而又独特的圆形，突出了产品包装的功能性。同时，自然而有趣地摆放产品，突出了产品的不同尺寸，进一步增强了包装的功能性。

Milk 牛奶包装

—

设计
Erik Musin

完成时间
2017

牛奶瓶一旦被打开，瓶盖似乎就会永远消失，因为我们常常会忘记盖上瓶盖，然后就把它弄丢了，因此导致产品很快就会变质。在设计这款牛奶包装的时候，设计师首先想到的是一滴牛奶。桌上的一滴牛奶就是一个斑点，最后会形成一个圆圈。设计师就是基于这个想法开始设计的。

如何简化打开牛奶包装的过程呢？答案是设计一个仅用一个动作就可以打开的瓶子。不再需要摘掉瓶盖，只要拧一下就可以将牛奶倒出来了。

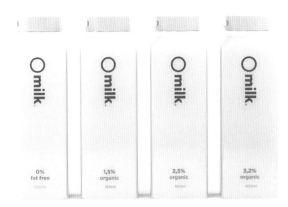

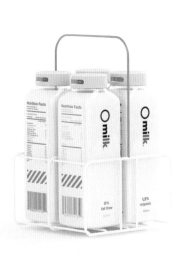

Alfredo Gonzales
袜子包装

—
客户
Alfredo Gonzales

设计
Anagrama

完成时间
2016

这是一个来自荷兰鹿特丹市的品牌，专门生产风格独特的袜子。该项目的任务是更新品牌标识，使其在不失个性的基础上能够融入现代环境之中。因此，设计师们通过一种更新颖的排版方式将品牌的特色展现出来，并设计了一个全新的手写标识。产品上所有的插图都是手工绘制的，突出了该品牌独特的风格。

在包装方面，设计师提出了一系列简单却有效的方案，重点在于设计一个主要的产品包装，以适合各种不同风格的袜子。一个崭新的、量身定做的形象设计，展现出了客户不屈不挠的品牌精神。

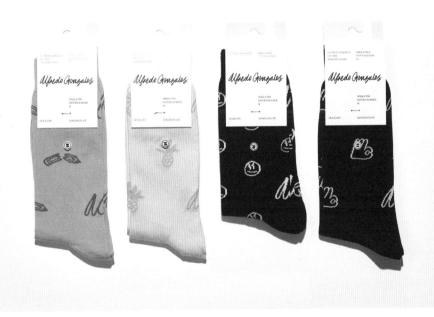

ALFREDO GONZALES
EST. 1983

LIVE THE GOOD LIFE.

ADELBERT
C.E.O./FOUNDER/SOCK MAKER

ADELBERT@ALFREDOGONZALES.COM
T. +31452384028
GAFFELSTRAAT
ROTTERDAM, THE NETHERLANDS

ALFREDOGONZALES.COM

索引